SHIYONG DIANLI XITONG

JIEDI JISHU WENDA

实用电力系统
接地技术问答

张瑞平◎编

中国电力出版社

CHINA ELECTRIC POWER PRESS

内 容 提 要

电力系统的接地看似简单而实际较为复杂又极其重要，它直接关系到人身、电网和设备的安全，应该引起充分的重视。

本书共分五章，总计 68 问，主要包括接地技术的基础知识、触电危险与防护、接地装置的设计要点、安装、验收、维护及特性参数的测量。内容丰富、通俗易懂、实用性强。

本书可供电力行业从事接地设计、施工、试验、运行维护以及工程技术管理的人员使用。

图书在版编目（CIP）数据

实用电力系统接地技术问答/张瑞平编. —北京：中国电力出版社，2023.10
ISBN 978-7-5198-8127-6

Ⅰ. ①实… Ⅱ. ①张… Ⅲ. ①电力系统 – 接地保护装置 – 问题解答
Ⅳ. ①TM774-44

中国国家版本馆 CIP 数据核字（2023）第 175360 号

出版发行：中国电力出版社
地　　址：北京市东城区北京站西街 19 号（邮政编码 100005）
网　　址：http://www.cepp.sgcc.com.cn
责任编辑：罗　艳（010-63412315）柳　璐
责任校对：黄　蓓　于　维
装帧设计：张俊霞
责任印制：石　雷

印　　刷：廊坊市文峰档案印务有限公司
版　　次：2023 年 10 月第一版
印　　次：2023 年 10 月北京第一次印刷
开　　本：880 毫米 × 1230 毫米　32 开本
印　　张：3.25
字　　数：79 千字
定　　价：19.80 元

前　言

　　接地是电力系统中不可缺少的电气安全技术。接地是否合理，不仅影响电力系统的正常运行,而且也影响电气设备和人身的安全。随着电力系统的发展,电网规模不断扩大,接地短路电流越来越大,各种微机监控设备的普遍应用,对接地的要求越来越高,由于接地装置的问题而引起的主设备损坏、变电站停电等事故的发生给电网的安全稳定运行带来了很大的危害,使得接地问题受到人们的普遍重视。

　　现行的接地规范中,对接地装置接地特性参数的设计限值、测试方法等方面都有明确的规定,实际工作落实情况却大相径庭。如《交流电气装置的接地设计规范》(GB/T 50065—2011)虽已取消了接地阻抗小于 0.5Ω 的安全判据,《电力设备接地设计技术规程》(SDJ 8—1976)早已废止,但受其影响,很多地方仍将此作为判据而非以发生接地短路时地电位升高的安全限值为依据,造成浪费钢材,增加投资或安全裕度不足,留下隐患的后果。

　　本书从电力工程的实际出发,以问答的形式重点回答变电站接地设计、安装、验收与维护方面的问题。第一、二章介绍了接地技术的基础知识与触电防护,第三章重点介绍了变电站、高压架空线路杆塔等接地工程的设计要点，第四章介绍了接地装置的安装、验收与维护，第五章介绍了接地装置特性参数的测量。

本书可作为电力行业从事接地设计、施工、试验、运行维护以及工程技术管理人员工作的参考书，希望本书能对读者有所启迪、借鉴。

由于编者的水平有限，本书难免有疏漏和不足之处，敬请读者指正。

2023 年 8 月

目　录

第一章

基 础 知 识

第一节 基 本 概 念

1. 大地是导体吗?

答: 大地是导体,其电阻非常低,由于电容量很大,它可吸收无限电荷且在吸收大量电荷后仍能保持电位不变,即宏观电位为零。大地导电方式有两种,一种是电子导电,另一种是离子导电,且以离子导电为主。由于土壤中的各种无机盐类或酸、碱必须在有水的情况下才能离解成导电的离子,即干燥的土壤或纯净的水不导电或导电能力很差,所以,土壤电阻率的大小主要取决于土壤中导电离子的浓度和土壤中的含水量,即

$$\rho = f\left(\frac{1}{A}\right) \cdot f\left(\frac{1}{B}\right) \tag{1}$$

式中　ρ ——土壤电阻率;

　　　A ——土壤中所含导电离子浓度;

　　　B ——单位体积土壤含水量。

由式(1)可知,土壤中所含导电离子浓度越高,土壤电阻率就越小,导电性能就越好,如沙河中,河底的土壤电阻率很大,就是因为河底由于流水的冲刷,导电离子浓度较小所致;土壤越湿,含水量越多,土壤电阻率就越小,导电性能就越好,这就是接地体的接地电阻随土壤干湿度变化的原因。

(1)电子导电。导体中主要的载流子为电子的导电过程。

(2)离子导电。以正、负离子在电场中的定向运动构成的导电

过程。

2. 何为接地？

答：大地作为良导体，当其中没有电流流通时是等电位的，通常认为大地具有零电位，如果地面上的金属物体与大地牢固连接，在没有电流流通的情况下，金属物体与大地之间没有电位差，该金属物体也就具有了大地的电位——零电位，这就是接地的含义。换句话说，接地就是将地面上的金属物体或电气回路的某一节点通过导体与大地相连，使该物体或节点与大地保持等电位。

（1）接地导线。电气装置、设备的接地端子与接地极连接用的金属导电部分。

（2）接地极。埋入地中并直接与大地接触的金属导体。兼作接地极用的直接与大地接触的各种金属构件、金属井管、钢筋混凝土建筑物的基础、金属管道和设备等称为自然接地极。

（3）接地网。接地系统的组成部分，仅包括接地极及其相互连接部分，供发电厂、变电站使用，兼有泄流和均压的作用。

（4）接地装置。接地导线和接地极的总和。大型接地装置是指110kV及以上电压等级变电站的接地装置，或者等效面积在5000m^{2}以上的接地装置。

（5）接地系统。系统、装置或设备的接地所包含的所有电气连接和器件。

（6）集中接地装置。为加强对雷电流的散流作用、降低对地电位而敷设的附加接地装置，一般敷设3～5根垂直接地极。在土壤电阻率较高的地区，则敷设3～5根放射形水平接地极。

3. 为何接地？

答：在电力系统中，为保障人身、输电线路和变配电设备的安全、正常运行及防雷的需要将电力系统及其电气设备的某些部分与埋入大地中的金属导体相连接而接地。接地起着维持正常运行、保护、防雷、防干扰等作用。

接地可分为故障接地和正常接地两类。

故障接地是带电体与大地之间发生意外的连接，如电气设备的碰壳接地、电力线路的接地短路等。

正常接地按其作用可分为功能性接地和保护性接地。功能性接地可分为工作接地、逻辑接地、信号接地和屏蔽接地 4 种；保护性接地主要包括保护接地、防雷接地、防静电接地和防电蚀接地 4 种。

（1）工作接地。为运行需要，电力系统电气装置所设的接地有两种情况：一是利用大地作导线的接地，在正常情况下有电流通过，如直流工作接地；二是为了维持系统安全运行而设的接地，在正常情况下只有很小的不平衡电流甚至没有电流流过，如 110kV 及以上高压系统中性点的工作接地。

（2）逻辑接地。电子设备为了获得稳定的参考电位，将电子设备中的适当金属部件（如金属底座等）作为参考零电位，把需要获得零电位的电子器件接于该金属部件上，这种接地称为逻辑接地。该基准电位不一定与大地相连接，所以它不一定是大地的零电位。

（3）信号接地。为保证信号具有稳定的基准电位而设置的接地，称为信号接地。

（4）屏蔽接地。将设备的金属外壳或金属网接地，以保护金属壳内或金属网内的电子设备不受外部的电磁干扰；或者使金属壳内或金属网内的电子设备不对外部电子设备引起干扰，这种接地称为屏蔽接地。法拉第笼就是最好的屏蔽设备。

（5）保护接地。为防止电气设备绝缘损坏而使人身遭受触电危险，将与电气设备绝缘的金属外壳或构架与接地极做良好的连接，称为保护接地。如停电检修时所采取的临时接地。

（6）防雷接地。为了限制雷电危险影响而给雷电保护装置（避雷针、避雷线和避雷器等）向大地泄放雷电流所设的接地。在电力网中，有时也把避雷器等防雷设备的接地称为工作接地。

（7）防静电接地。将静电荷引入大地，防止由于静电积累对人体和设备造成损伤的接地，称为防静电接地。如油管汽车后面拖地的铁链便属于防静电接地。

（8）防电蚀接地。为防止地下金属管道、接地网等钢构造物的腐蚀，在地下埋设金属体（如镁合金）作为牺牲阳极与之连接以达到保护作用，这种措施称为防电蚀接地。

4. 表征接地装置运行状况的参数有哪些？

答：接地装置的运行状况可由其特性参数来描述，接地装置的特性参数包含接地装置的电气完整性、接地阻抗、分流和地网分流系数、场区地表电位梯度分布、跨步电位差、接触电位差等参数或指标。除电气完整性外，其他参数为工频特性参数。

（1）接地装置的电气完整性。接地装置中应该接地的各种电气设备之间，以及接地装置的各部分之间的电气连接性，即直流电阻值，也称电气导通性。

（2）接地阻抗。接地装置对远方电位零点的阻抗，数值上为接地装置与远方电位零点间的电位差与通过该接地装置流入地中电流的比值。通常所说的接地阻抗是指在某一频率下，系统、装置或设备的给定点与参考地之间的阻抗。对于大型接地装置，接地阻抗一般为复数（Z），除考虑其实部接地电阻（R）外，虚部接地电抗（X）对地电位升高的影响也不可忽视；小型接地装置一般虚部很小，可不考虑其影响，一般用接地电阻统称。

（3）分流和地网分流系数。电力系统中发生接地短路故障时，故障电流主要通过大地经接地网散流，通过架空避雷线和电缆两端接地的金属屏蔽向地网外流出的部分故障电流称为分流，它导致经接地网实际散流的故障电流减少；经接地网散流的故障电流与总的接地短路故障电流之间的比值称为地网分流系数。

（4）场区地表电位梯度分布。当接地短路故障电流流过接地装置时，被试接地装置所在场区地表面形成的电位梯度分布。地面上水平距离为 1.0m 的两点间的电位梯度称为单位场区地表电位梯度。

（5）跨步电位差（跨步电压）。当接地短路故障电流流过接地装置时，地面上水平距离为 1.0m 的两点间的电位差。

（6）接触电位差（接触电压）。当接地短路故障电流流过接地装置时，在地面上距设备水平距离 1.0m 处与沿设备外壳、架构或墙壁离地面垂直距离 2.0m 处两点间的电位差。

第二节 接 地 方 式

5. 何为中性点接地方式？

答：三相交流电力系统中性点与大地之间的电气连接方式称为电网中性点接地方式。电网中性点接地方式的选择是一个综合性问题，它与电压等级、单相接地短路电流、过电压水平、保护配置等有关，直接影响电网的绝缘水平、系统供电的可靠性和连续性以及对通信线路的干扰等。一般来说，电网中性点接地方式也就是变电站中变压器的各级电压中性点接地方式。

6. 电力系统中性点接地方式有哪些？如何选择？

答：电力系统中性点接地方式从主要运行特性划分为中性点直接接地方式和中性点非直接接地方式。中性点非直接接地方式又可分为中性点不接地方式、中性点经消弧线圈接地方式、中性点经电阻接地方式和中性点经小电抗接地方式。

（1）中性点直接接地方式。中性点直接接地方式下，单相短路电流很大，线路或设备需立即切除，增加了断路器负担，降低了供电连续性，但由于过电压较低，绝缘水平可下降，减少了设备造价，故适用 110kV 及以上电压等级电网，特别是在高压和超高压电网中经济效益显著。

（2）中性点不接地方式。在中性点不接地系统中发生单相接地故障时，故障点不会与电源侧形成直接回路，因而接地电流较小，一般达不到继电保护装置的动作电流值，故障线路不跳闸，只发出接地报警信号，有效提高供电可靠性。但由于接地会引起中性点偏移，造成非故障相电压升高，从而对设备绝缘提出更高要求，成本随之增加。对于处在较低电压层级的 10、35kV 系统，对供电可靠性的要求较高，且绝缘的实现较为容易，因此常采用中性点不接地方式。

（3）中性点经消弧线圈接地方式。在中性点不接地系统中，接地电容电流一旦过大，接地点就会产生持续或断续电弧，持续电弧的燃烧极易引起相间短路；间歇性电弧接地产生的断续电弧会在电网的电感和对地电容形成的振荡回路中引起谐振产生弧光接地过电压，这种过电压可以达到相电压的 3～5 倍或更高，并且持续时间长，可达几个小时，对电网绝缘造成严重威胁，因此，当电容电流超过一定数值时，为保证接地电弧快速熄灭，可采用中性点经消弧线圈接地的方式补偿电容电流，消除弧光间隙接地过电压，此方式适用于 10、35kV 系统。根据消弧线圈产生的电感电流对容性接地故障电流补偿的程度，可分为完全补偿、欠补偿和过补偿，避免串联共振的现象，普遍采用过补偿的方式运行。

1）全补偿方式。是指补偿感抗等于出线系统的容抗，补偿后的电感电流等于出线系统电容电流，此时故障点的电流消失，完好相的电容与消弧线圈的电感形成串联谐振回路，谐振过电压不但危及系统对地绝缘，也对消弧线圈形成威胁，因此一般不采用全补偿方式。

2）欠补偿方式。是指补偿感抗大于出线系统的容抗，补偿后的电感电流小于出线系统电容电流，此时流过故障点的电流为容性电流，若系统运行方式改变，切除部分线路时整个电网的对地电容减少，容抗变大，容性电流减小，便有可能满足全补偿的条件而产生谐振过电压，因此一般也不采用欠补偿方式。

3）过补偿方式。是指补偿感抗小于出线系统的容抗，补偿后的电感电流大于出线系统电容电流，此时，流过故障点的电流为感性电流，只要选择的消弧线圈留有一定裕度，随着电网的发展，对地电容电流增加后，原来的消弧线圈还可以使用，因此普遍采用过补偿方式。

（4）中性点经电阻接地方式。在 10、35kV 主要由电缆线路构成的配电系统、发电厂用电系统、风力发电场集电系统中，当单相接地故障电容电流较大时，如 35kV 系统接地电容电流超过 100A 或全电缆网时，及 10kV 系统接地电容电流超过 100～150A 或全电缆网时，采用中性点经电阻接地方式。

（5）中性点经小电抗接地方式。中性点经小电抗接地主要用于 330～1000kV 系统变压器中性点，对限制单相接地短路电流效果显著。

7. 低压系统接地形式有哪几种？

答：低压系统的接地形式可分为 IT、TN、TT 三种，其中 TN 系统又可分为 TN-C、TN-C-S、TN-S。

不同接地形式代号中字母的含义为：第 1 个字母表示电源侧对地的关系，其中 T 表示中性点直接接地，I 表示中性点不接地或经高电阻接地；第 2 个字母表示电气设备在正常情况下不带电的金属部分对地的关系，其中 T 表示设备金属外壳直接接地（与电源侧接地相互独立），N 表示设备金属外壳接中性线而不直接接地；后续的字母表示 N（中性线）与 PE（专用保护线）的配置，其中 S 表示 N 与 PE 单独配置，C 表示 N 与 PE 合用。

（1）IT 系统。如图 1 所示，在不接地配电网中，配电网各相对地电压为 220V，各相对地绝缘电阻为兆欧级，可视为无限大，各相对地分布电容范围为 0.006～0.06μF/km，相应容抗 X_C 为 53～531kΩ·km，人体电阻 R_P 为 1500Ω（我国自 1979 年水利电力部颁布 SDJ 8—1979《电力设备接地设计技术规程》以来一直采用 1500Ω）。

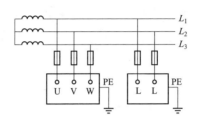

图 1　IT 系统

当三相设备的一相碰连外壳时，若设备外壳无接地，根据式（2），当线路较长使容抗降至千欧级时，无接地时的人地电压 U_P 就会存在电击危险，即

$$\dot{U}_P = \frac{3\dot{U}R_P}{3R_P + X_C} \tag{2}$$

当三相设备的一相碰连外壳时，若设备外壳接地，且接地电阻 R_E 为欧姆级时，根据式（3），加在人体的电压 U_{PE} 很小，无电击危险。由此可以看出，IT 系统中，由于单相接地电流很小，当接地电阻较小满足要求时，可以将漏电设备故障对地电压限值在安全范围之内，即

$$\dot{U}_{PE} = \frac{\dot{U}(R_E//R_P)}{(R_E//R_P) + X_C/3} = \frac{3\dot{U}(R_E//R_P)}{3(R_E//R_P) + X_C} \approx \frac{3\dot{U}R_E}{3R_E + X_C} \tag{3}$$

在 380V 不接地低压配电网中，为限制设备漏电时外壳对地电压不超过安全范围，一般要求保护接地电阻 $R_E \leqslant 4\Omega$。当配电变压器或发电机的容量不超过 100kV·A 时，可放宽到 $R_E \leqslant 10\Omega$。

（2）TT 系统。如图 2 所示，TT 系统为三相星形连接的中性点直接接地的三相四线配电网。这种配电网可提供线电压和相电压，便于动力和照明由同一台变压器供电。这种配电网的优点是过电压防护性能较好、一相故障接地时单相电击的危险性较小、故障接地点比较容易检测。中性点引出的 N 线称为中性线。

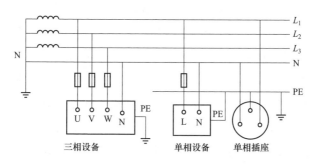

图 2　TT 系统

在电源中性点接地的配电网中，中性点接地电阻 R_N 一般为欧姆级，人体电阻 R_P 为 1500Ω，当发生单相电击时，若设备外壳无接地，根据式（4），人体承受的电压 U_P 接近相电压。也就是说，在电源侧接地的配电网中，单相电击的危险性比不接地的配电网单相电击的危险性大，即

$$U_P = \frac{UR_P}{R_P + R_N}\qquad（4）$$

当设备外壳接地时，如有一相漏电，则故障电流主要经接地电阻 R_E 和工作接地电阻 R_N 构成回路，根据式（5），漏电设备对地电压即人体电压 U_{PE} 与没有接地时接近相电压的对地电压比较，已明显降低，但由于 R_E 和 R_N 同在一个数量级，漏电设备对地电压一般不能降低到安全范围以内。另一方面，由于故障电流工经 R_E 和 R_N 成回路，R_E 和 R_N 都是欧姆级的电阻，I_E 不会太大，一般的短路保护不起作用，不能及时切断电源，使故障长时间延续下去，即

$$U_{PE} = \frac{U(R_E /\!/ R_P)}{(R_E /\!/ R_P) + R_N} \approx \frac{U R_E}{R_E + R_N} \qquad (5)$$

因此，采用 TT 系统时，应当保证在允许故障持续时间内漏电设备的故障对地电压不超过某一限值。为此，在 TT 系统中应装设能自动切断漏电故障的漏电保护装置（剩余电流保护装置）或具有同等功能的过电流保护装置，并优先采用前者。

（3）TN 系统。如图 3～图 5 所示，当设备某相带电体碰连设备外壳时，通过设备外壳形成该相对保护中性线的单相短路，根据式（6），由于保护线阻抗 Z_{PE} 很小，短路电流 I_S 则较大，且能使线路上的短路保护迅速动作，从而将故障部分断开电源，消除电击危险。线路上的保护可以采用一般过电流保护装置或剩余电流保护装置。当 TN 系统采用过电流保护装置时，由于其动作电流大，如果混用 TT 系统，小的漏电电流不足以启动过电保护装置，危险电压得不到消除，极易导致触电事故，因此，除非装有剩余电流保护装置，不得在 TN 系统中混用 TT 系统，即

$$I_S = \frac{U}{Z_{PE}} \qquad (6)$$

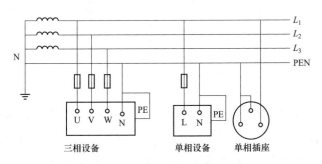

图 3　TN-C 系统

TN-S 系统可用于有爆炸危险，或火灾危险性较大，或安全要求较高的场所，宜用于有独立附设变电站的车间。TN-C-S 系统宜用于

厂内设有总变电站，厂内低压配电的场所及非生产性楼房。TN-C系统可用于无爆炸危险、火灾危险性不大、用电设备较少、用电线路简单且安全条件较好的场所。

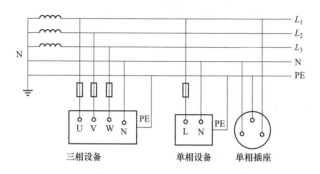

图 4　TN-C-S

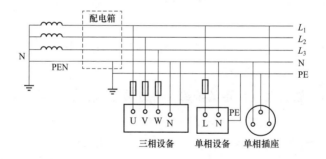

图 5　TN-S

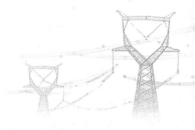

第二章

触电危险与防护

第一节　触　电　危　险

8. 何为触电？

答：当人体触及、接近带电体或电弧时，使电流通过人体进入大地或其他导体，形成导电回路，这种情况称为触电。触电发生的原因通常有以下几种：

（1）未遵守电力安全相关规程，直接接触及或过分靠近电气设备的带电部分。

（2）人体接触到电气设备中因绝缘损坏而带电的金属外壳或与之相连的金属构架等。

（3）靠近电气设备的绝缘损坏处或电气设备带电部分的接地短路处。

9. 触电事故有哪些类别？会造成什么伤害？

答：触电事故分为电击和电伤。电击是电流直接通过人体造成的伤害。电伤是电流转换成热能、机械能等其他形态的能量作用于人体造成的伤害。在同一触电事故中，电击和电伤常常相伴而生。据统计，触电伤亡事故中，85%以上的致死事故是电击造成的，其中大约70%含有电伤的因素。

（1）电击。当电流直接通过人体时，经人体内部流通，对内部组织、器官造成的伤害称为电击，它是最危险的触电伤害。电击产生的主要影响是伤害人体的心脏、呼吸系统和神经系统，破坏人的正常生理活动，甚至直接危及生命；次要伤害是产生并发症和后遗症，影响人体健康，主要表现如下：

1）心室纤维颤动。电流通过心脏、迷走神经或延髓的心血管中枢等部位时，均可引起心室纤维颤动，使心脏由原来正常跳动变为每分钟数百次以上的细微颤动，这种颤动足以使心脏不能再压送血液，导致血液终止循环和大脑缺氧，发生窒息死亡。一般心室颤动发生数秒至数分钟（6～8min）就会导致死亡。

2）呼吸衰竭。电流通过人体时，使呼吸肌和横膈膜麻痹而妨碍呼吸运动，或者因电流通过头部使大脑失去作用而造成中枢性呼吸麻痹，其结果都会导致呼吸衰竭致死。一般来说，当220～1000V工频电压作用于人体时，通过人体的电流可同时影响心脏和呼吸中枢，引起呼吸中枢麻痹，使心脏停止跳动，更高的电压还可能引起心肌纤维透明性变，甚至引起心肌纤维断裂和凝固性变。

3）电休克（昏迷）。电休克是机体受到电流的强烈刺激，发生强烈的神经系统反射，使血液循环、呼吸及其他新陈代谢发生障碍，以致神经系统受到抑制，出现血压急剧下降、脉搏减弱、呼吸衰竭、意识不清的现象。电休克状态可以延续数十分钟到数天，轻则得到有效的治疗而痊愈，重则可能由于重要生命功能完全丧失而死亡。

4）电击后延迟性死亡。由于广泛的电流烧伤造成机体组织剥离、局部并发症引起败血症及高温烧伤引起的神经性或缺血性休克而导致的死亡。

5）神经系统损害。可出现周围神经病变、脊髓病变及肢体瘫痪。

6）心律失常。电击和心肺复苏术后48h内，均有各种严重心律失常。

7）肢体坏死。由于大量软组织损伤后可出现局部和远端肢体坏死。

8）高钾血症。由于大量软组织损伤，常有血钾增高，出现心脏传导阻滞和其他心律失常。

9）急性肾功能衰竭。大量组织坏死后产生肌红蛋白尿，引起急性肾小管坏死和急性肾功能衰竭。

10）关节脱位和骨折。肌肉强烈收缩和抽搐可使四肢关节脱位和骨折。

11）其他。少数受高电压损伤的患者出现胃肠功能紊乱、肠穿孔、胆囊和胰腺灶性坏死、肝损害伴有凝血机制障碍、白内障等症状。

（2）电伤。电流对人体外部表面造成的局部创伤，即由电流的热效应、化学效应、机械效应对人体外部组织或器官造成的伤害。相对而言，低压电发生电伤的概率要少，高压电由于能量高，击穿能力强，发生电伤事故概率要大得多。按照电流转换成作用于人体能量的不同形式，电伤分为电弧烧伤、电流灼伤、皮肤金属化、电烙印、电气机械性伤害、电光眼等伤害。

1）电弧烧伤。由弧光放电造成的烧伤，是最危险的电伤。电弧温度高达8000℃，可造成大面积、大深度的烧伤，甚至烧焦、烧毁四肢及其他部位，它一般不会引起心脏纤维性颤动，更常见的是人体由于呼吸麻痹或人体表面的大范围烧伤而死亡。

2）电流灼伤。电流通过人体由电能转换成热能造成的伤害。电流越大、通电时间越长、电流途径上的电阻越大，电流灼伤越严重。在人体与带电体的接触处，接触面积一般较小，电流密度可达很大数值，而皮肤电阻较体内组织电阻大很多，故在接触处会产生很大的热量，易使皮肤灼伤。

3）皮肤金属化。在电流作用下，产生的高温电弧使金属熔化、气化并飞溅渗入皮肤表层所造成的电伤。表现为皮肤粗粒、硬化，并呈现一定颜色（铅为灰黄色、紫铜为绿色、黄铜为蓝绿色），经过一段时间，金属化的皮肤会自行脱落。

4）电烙印。在人体与带电体接触良好的情况下，由于电流化学效应和机械效应而在人体皮肤表面产生明显印痕的伤害现象。表现为皮肤上留有与带电体表面形状相同的肿块印痕，与好皮肤有明显的界线，且受伤皮肤发硬。

5）电气机械性伤害。是指电流通过人体时产生的机械电动力效应使肌肉发生不由自主地剧烈抽搐性收缩，致使肌腱、皮肤、血管及神经组织断裂，甚至使关节脱位或骨折。

6）电光眼。发生弧光放电时，由红外线、可见光、紫外线对眼睛的伤害。表现为眼睑皮肤红肿，结膜发炎，严重时角膜透明度受到破坏，瞳孔收缩，一般在受到伤害 4~8h 后发作。

10. 电流对人体的伤害程度与哪些因素有关？

答：电流对人体的伤害程度受许多因素的影响，主要取决于通过人体电流的强度，但这个电流强度又受到其他许多因素的影响，如电压、电阻、电流种类、人体电路、人体状况、人体所处的环境及通电时间等，具体如下：

（1）电流强度大，危险性也大。对于 220V 的交流电，不同电流强度一般对人体的影响是：①25mA 左右，肌肉轻度收缩，皮肤可能烧伤；②50mA 左右，出现昏迷，肌肉强烈痉挛；③80mA 左右，心室纤维颤动致死（通电时间超过 25~30s 时）；④300~1000mA，心跳、呼吸停止致死（通电时间 0.1~0.5s 时）。

根据人体对电流的反应，一般将电流分为以下几个级别：

1）感知电流。能够引起人感觉的最小电流。以手握带电导体，通以某一电流值，直流情况下能感到手心轻微发热，交流情形下因神经受到刺激而感觉轻微刺痛为基准。不同的人、不同性别，感知电流的值也不同，一般情况下，成年男性的平均感知电流（工频）约为 1.1mA，成年女性则为 0.7mA，国际电工委员会（IEC）认定的感知电流值为 0.5mA（与通电时间无关）。感知电流一般不会对人体构成伤害，但当电流增大时，人体感觉增强、反应加剧，可能导致高处坠落等二次事故。

2）摆脱电流。人触电后，在不需要任何外来帮助的情况下能够自行摆脱带电体的最大电流称为摆脱电流。摆脱电流是一个重要指标，正常人的摆脱电流基本上是一个常数，不会受重复试验所干扰，在能摆脱带电体所需的时间内，反复经受摆脱电流，人体可忍受触电反应而无严重的不良后果。也就是说，正常人可以经受摆脱电流的作用，故常把摆脱电流称为允许安全电流。

据试验，成年男性的平均摆脱电流约为16mA，成年女性约为10.5mA；而对应于0.5%概率不能摆脱的电流值则为男子9mA、女子6mA。就数学特性而言，存在有限的概率，即使电流为零，理论上也将使某些人"黏结"在带电导体上。重要的是应该从安全的角度考虑，确定一般人的摆脱电流的最小值。国际电工委员会认定的摆脱电流值为10mA，目前已被世界各国所公认。我国国家标准中规定，一般条件下，交流允许安全电流取为10mA，但对井下等某些特殊场合则取6mA，可见规定的10mA允许安全电流，可能导致部分触电者（男子约1.5%，女子约35%）不能依靠自己摆脱以保证安全，例如，在某些场合下，同样触及100V的带电导体，由于流入人体电流大小的不同，有的人只是受到惊吓，而有的人则会被电死或电伤。

3）室颤电流。电流通过人体引起心室纤维性颤动的最小电流。在电流不超过数百毫安的情况下，电击致命的主要原因是电流引起心室颤动造成的，因此，可以认为室颤电流是最小致命电流，一般认为引起心室纤维性颤动的最小电流值为50mA（有效值）。室颤电流除取决于电流持续时间、电流途径、电流种类等电气参数外，还取决于机体组织、心脏功能等人体生理特征，室颤电流与电流持续时间有很大关系。

（2）交流电比直流电危险。人体对直流电的耐受性比交流电强，300V 以下的直流电很少使人致命，有时 250mA 的直流电也不会引起严重的特殊损伤；频率 50Hz 的 110V 交流电，当电流达到 80mA 时，便可引起心室纤维颤动而死亡，这是因为皮肤对交流电抵抗力小，肌肉和神经容易接受这种频率交流电的刺激而损伤。不同电流对人体的影响见表 1。

表 1　　　　　　　　　不同电流强度对人体的影响

直流 110~800V	交流 110~380V	对人体的影响
<80mA	<25mA	（1）呼吸肌轻度收缩； （2）对心脏无损害
80~300mA	25~80mA	（1）呼吸肌痉挛； （2）通电时间超过 25~30s，可发生心室纤维颤动或心跳停止
300~3000mA	80~100mA	（1）直流电有引起心室纤维颤动的可能； （2）交流电接触 0.1~0.3s 以上即能引起严重心室纤维颤动
	>3A（3000V 以上）	（1）心跳停止； （2）呼吸肌痉挛； （3）接触数秒以上即可引起严重灼伤致死

（3）交流电中的低频率比高频率更危险。220V 的交流电，当频率为 28~300Hz 时，对人体危害较大，尤其是 50Hz 的交流电危害最大，可以造成心室纤维颤动，而导致死亡；相反，频率达上万次的交流电，一般对人体没有什么危害，当频率为 1MHz 时，人体可承受 3000mA 的巨大电流而无损伤，这是因为频率越大，离子在细胞内的活动范围就越小，所引起的破坏也越小。

（4）电压越高，危险越大。根据欧姆定律，电流强度 I 与电源电压 U 成正比，与人皮肤电阻 R 成反比，即 $I=U/R$。因此，当电阻不变时，电压越高，电流强度就越大，对人体的危害就越严重。一般来说，24V比较安全，小于110V不会造成死亡，220V以上危险性较大，240V的电压足以造成肌肉痉挛从而"抓牢"通电导体而致死，1000V以上的高压电流可以引导呼吸和心跳同时停止和严重的灼伤；不过，也有50V左右的低电压电流使人致死的，而有的高电压电流作用于人体却未致死，说明人体对电流的抵抗或环境因素也具有重要的作用。

（5）人体电阻越大，危险性越小。在直流及工频的情况下，人体可视为无感电阻。这个电阻通常是指从人的一只手到两只脚间或从一只脚到另一只脚间的电阻，但是无论哪种情况该电阻都很难确定。大量研究表明，当人体皮肤干燥、洁净和无损伤时，包括皮肤电阻在内的人体电阻有时可高达几万欧姆；当人体皮肤浸湿后，电阻可下降到 $1000 \sim 3000\Omega$，若除去皮肤，则人体电阻只有 $300 \sim 500\Omega$ 左右。

根据欧姆定律，当电压不变时，电阻越大，电流强度越小，对人体的危险性也越小。人体皮肤接触220V电压电流时，其电阻平均值一般为 2000Ω，而电流强度可达110mA，可使人致死；如果人体电阻为 200000Ω 时，则电流强度仅为1mA左右，因此对人体是无危险的。皮肤角质层厚、汗腺少、多毛和干燥的部位，电阻大，电流不易通过，对全身的危害性小些，但局部易致灼伤；皮肤角质层薄、汗腺孔多、毛少、出汗、充血、水肿等部位，电阻小，电流容易通过，危险大。不同的组织，因其含水量的多少不同，电阻也不一样，导电性差异很大，如血液、肌肉、脑等均为良性导体，而骨骼、脂肪、毛发等，是不良导体。所以，虽然有的电压很高，但因电阻大，而免于死亡。人体阻抗不是固定不变的，与下面几个因素有关：

1）接触电压。人体阻抗的数值随着接触电压的升高而下降。

2）接触表面积。人体阻抗随着带电体与皮肤的接触表面积增大而减小。

3）皮肤状况。皮肤潮湿、多汗、有损伤、带有导电性粉尘等情况会使人体阻抗降低。

4）电流持续时间。随着电流的增加，皮肤局部发热使汗液增多，同时人体内部液体被电解，人体总阻抗便会下降，电流持续时间越长，人体阻抗下降越多。

5）电流频率。人体阻抗随着电流频率增大而减小，如图 6 所示。

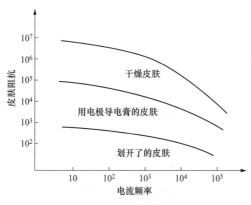

图 6 皮肤阻抗与频率的关系

6）其他因素。不同类型的人，其人体阻抗也不同，一般女子的人体阻抗比男子的小，儿童的比成人的小，青年人的比中年人的小。遭受突然的生理刺激时，人体阻抗也可能明显降低。

（6）电流作用时间越久，越危险。电流通过人体的时间较长时，人体阻抗就会因为角质层破坏、出汗或电解等原因降低，使通过人体的电流量增大，因此，电流作用时间越长越危险。如 1000V 电压的电流作用于人体 0.5s 可无危险，但 200～300V 电压的电流作用于人体超过 1s 就很危险，甚至造成死亡。

（7）电流通过人体的路径不同，其后果也可不同。电流通过人的脑、心、肺等部位，危险均较大。如电流从一手进另一手出，由于电流通过心脏（约占人体流量的 3.3%），可引起心室纤颤；电流由右手进一足出，则心脏损伤严重，因通过心脏的电流量约占人体电流量的 6.7%；电流由一足进另一足出，通过心脏电流量很小，对全身危害不大。此外，双电极接触人体比单电极危险，危害更大。对 11 人进行的人体电阻测量情况见表 2。

表 2　　　　　　　对 11 人进行的人体电阻测量情况

序号	被试人体特征	一手对一脚（Ω）	一手对双脚（Ω）	双手对双脚（Ω）
1	男，中等身材，身上有汗	2400	1900	1220
2	男，青年，中等身材	2420	2170	1450
3	男，中年，中等身材	2550	2100	1420
4	男，稍高，稍瘦	2640	2460	1790
5	男，中年，中等身材	2780	2100	1650
6	男，中年，稍胖	2820	2030	1490
7	女，中年，较高	2850	2300	1700
8	女，中年，矮	2900	2160	1700
9	男，高，瘦	3000	3180	1420
10	男，中等身材，特瘦	3200	3000	2000
11	男，高，瘦	3880	3100	2050

注　1. 试验时手浸湿，手紧握 40mm 粗铁棒，脚站在有水的铁板上。
　　2. 施加工频电压，通过人体的电流为 100μA，人无不适感觉。

（8）机体功能状态不同，对电击的反应也可有所差异。一般来说，体弱、贫血、冠心病、神经衰弱的人对电流的耐受力差；儿童和中枢神经系统兴奋性越高的人，对电流敏感、耐受力也差，反应强烈；中枢神经系统处于抑制状态的人，如睡眠、麻醉或休克者，对电流的反应较弱。

（9）环境条件不同，触电后果可不同。如果机体接地不良，如穿着干燥、鞋为橡胶底、处于地上毛毯或木头地板上，就不易触电致命；如果机体接地良好，如环境潮湿、鞋底有铁钉、身在湿的水泥地面或在潮湿的浴室中，特别是在露天下面，因导电较好，就容易触电致死。

第二节　触　电　防　护

11. 防止触电的安全措施有哪些?

答：为防止触电事故的发生，避免人身伤亡，在电力系统中或其他带电设备上可采取的安全措施有：在特定场合下采用特低压供电的用电设备；直接采取电气绝缘或隔离的方法（将带电零件或带电体绝缘，避免人体直接与之接触而造成危险；采用栅栏、网状遮栏和板状遮栏或外罩）；将设备金属外壳接地或接零；采用原理先进、质量可靠的漏电保护装置；依照规章制度办事，实行严格的监督和管理。

第三节　触　电　急　救

12. 发现有人触电，怎样使触电者脱离电源?

答：发现有人触电，首先必须设法使触电者立即脱离电源。如有可能，应迅速拔掉插头，拉掉开关切断电源，如开关较远或一时找不到，可用带有绝缘把的钳子剪断电线，或用干燥木柄斧头砍断电线或用干燥木棍挑开电线。值得注意的是，所有这些方法都必须保证工具绝缘良好、干燥，否则会引发新的触电事故。在不得已的情况下，作为应急措施，施救者脚下垫上干燥的木板或橡胶板等绝缘物可以揪拉触电者衣服使其脱离带电体。救人时，如果可能，最好只用一只手进行救护。

对于发生在高压设备上的触电事故，应设法立即停电。施救者必须戴绝缘手套、穿绝缘靴，并使用适合于该电压等级的相应绝缘工具。必要时可用抛掷裸软线的办法使线路短路或接地，迫使保护装置动作切断电源，抛掷软线前要使软线一端可靠接地后再抛掷另一端，软线的任何一端都不可触及救护人及触电者。另外，在使触电者脱离电源时，事先要注意到触电者脱离电源后是否会摔伤，要采取相应的防范措施，尤其是对触电者在高处或站立触电的情况更应注意这一点。

13. 触电者脱离电源后，应如何进行救护？

答：触电者脱离电源后，应尽量在现场进行救护，不要到处搬运耽误时间，救护过程中要注意患者的神态变化，针对实际情况进行救治。

对于尚未失去知觉，或曾一度昏迷继而只是自感心慌、四肢麻木、全身无力的触电者，应保持其在医生到来之前的安静，继续观察并请医护人员前来处理，不可进行人工呼吸或心脏按压。

如果触电者已失去知觉，但仍有心跳，尚在呼吸，则应使其舒适、安静地平躺，解开衣服，不要让人围观，以确保空气流通，给患者闻氨水，摩擦全身使之发热，并迅速请医生诊治。若天气寒冷，要注意保温。如果发生呼吸非常困难且不时抽动，则应进行人工呼吸。

如果触电者呼吸、脉搏、心跳均已停止，就必须进行人工呼吸和心脏按压予以紧急救护，否则患者势必会慢慢死去。人工呼吸必须连续不断地进行，直到医生到来为止。在任何情况下，不准向触电者身上盖土、掐人中、泼冷水，更不允许给触电者打强心针。

14. 采用人工呼吸救护需注意哪些？

答：施行人工呼吸前，应迅速解开触电者身上妨碍呼吸的衣领、上衣、裤带等，并将其口腔内食物、假牙、血块、黏液等取出使之呼吸畅通。如果触电者牙关紧闭，应设法使其张开嘴巴，可将双手四指托在触电者下颌骨处，大拇指放在下颌边缘上，用力慢慢往前移动，使下牙移到上牙前，促使触电者张开嘴巴；若仍不行，可用小木板或小金属片、匙柄等在臼齿、门齿间撬开。

人工呼吸有多种方法，如口对口（鼻）吹气法、仰卧压胸法、俯卧压背法，摇臂压胸法，其中简单易行且较为有效的是口对口吹气法。这种方法是使触电者仰卧，头部尽量后仰，鼻孔朝天，下颌尖与前胸部大体保持在一条水平线上，头部下面不要垫枕头等物；抢救人员位于触电者头部侧面，一手捏其鼻子，另一手扒下颌骨，然后深吸一口气，用嘴对准触电者的嘴吹气，吹完后迅速把嘴移开，并松开触电者鼻子让其自行呼气，每分钟进行 14～16 次为宜。如系儿童要用小口吹气，每分钟 20～24 次为好。如发现触电者胃部充气膨胀，则可一面用手轻轻加压于其上腹部，一面继续吹气；若触电者嘴无法张开时，也可用鼻吹气法。

需要做人工呼吸的，应尽量早开始，越早效果越好。人工呼吸进行时要坚持不断，直到触电者恢复自然呼吸为止，有时需要进行 6～7h 以上才能恢复；人工呼吸要自始至终采用同一种方法抢救，不要中途随便变换。对触电者千万不可注射强心剂，因为人体触电后心脏产生纤维性颤动，严重时纤维断裂，此时再使用强心剂，就会使心脏颤动加剧，扩大心肌损伤，加速触电者的死亡。

第三章

接地系统的设计

第一节　变电站的接地网

15.　变电站接地网的设计步骤有哪些?

答: 设计变电站接地网一般分为以下几个步骤:

(1)掌握工程地点的地形地貌、土壤的种类和分层状况。实测站址土壤电阻率,根据实测数据,确定土壤分层情况及各层土壤电阻率。

(2)根据设计水平年和远景年最大运行方式下一次系统电气接线、母线连接的输电线路状况、故障时系统的电抗与电阻比值、变电站内外发生接地故障时的分流系数 K_f、衰减系数 D_f 等,确定设计水平年在非对称接地故障情况下最大的对称电流有效值 I_{max}、接地网入地对称电流 I_g 以及计及直流偏移的经接地网入地的最大接地故障不对称电流有效值 I_G。

(3)选择接地装置材料与截面积。根据土壤腐蚀情况选择接地装置使用材料,并对其进行热稳定校验,根据设计使用年限计及腐蚀影响,计算接地引下线和接地极的热稳定最小截面,同时满足机械强度的要求。

(4)确定接地网的允许接地电阻。根据变电站电压等级,计算其允许接地电阻值。

(5)布置接地网。根据变电站总平面布置接地网,并充分利用站内的自然接地极,使接地网的设计接地电阻小于允许值,如不满足,则应因地制宜,采取经济有效的降阻措施,使实际测量值(土壤电阻率准确的情况下，接地电阻计算值与测量值误差很小）小于保证设备和人身安全的最大允许值。

（6）计算接地网的接触电位差和跨步电位差，并与各自相应允许值比较。如果接触电位差和跨步电位差同时小于各自的允许值，则所设计的接地网合格，否则应重新调整均压带间距、网孔个数、垂直接地棒数量、铺设高阻层等，返回步骤（5）再次计算和校验，直到合格。

16. 接地网接地电阻设计计算公式中的土壤电阻率能否直接采用土壤电阻率的测量值？

答：在变电站的接地网设计中，土壤电阻率测量、分析是最基础、最关键、最难的一个环节。但常被忽视，导致设计值与实际测试值出入较大，因此接地网接地电阻设计计算公式中的土壤电阻率能否直接采用土壤电阻率的测量值需分情况而定。

DL/T 475—2017《接地装置特性参数测量导则》规定，为得到较合理的土壤电阻率数据，宜改变极间距离 a（可为 5、10、15、20、30、40m 等，最大的极间距离一般不宜小于拟建接地装置最大对角线），如果所测视在电阻率 ρ_s 大致相同，则可以认为土壤电阻率大致均匀，视在电阻率的平均值即为土壤的实际电阻率。如果所测视在电阻率变化较大，通过绘制 ρ_s-a 曲线，对比图 7 和图 8 可以大致判断土壤分层情况，此时，不能直接采用测量值，而应通过专用软件进行分析。

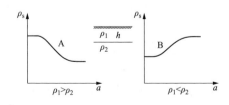

图 7　双层土壤典型曲线图

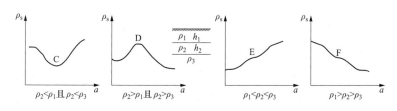

图 8　三层土壤典型曲线图

（1）当土壤具有图 9 所示的两层结构时，用四极法所测的视在电阻率为一综合值，见式（7），当没有接地设计专用软件时，可利用 Excel 编写计算程序，通过调整 h、ρ_1、ρ_2 使模拟视在电阻率曲线图最大限度地逼近实测视在电阻率曲线，基本吻合时，则视模拟 h、ρ_1、ρ_2 为土壤实际分层情况，即

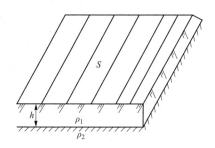

图 9　双层结构土壤接地网

$$\rho_s = \rho_1\left\{1+4\sum_{n=1}^{\infty}\left[\frac{K^n}{\sqrt{1+\left(2n\frac{h}{a}\right)^2}}-\frac{K^n}{\sqrt{4+\left(2n\frac{h}{a}\right)^2}}\right]\right\} \qquad (7)$$

其中 $K = \dfrac{\rho_2 - \rho_1}{\rho_2 + \rho_1}$

式中　ρ_s ——测量的视在土壤电阻率（Ω·m）；

　　　ρ_1 ——上层土壤电阻率（Ω·m）；

ρ_2——下层土壤电阻率（$\Omega \cdot m$）；

h ——上层土壤电阻率厚度（m）；

a ——测试电极间距（m）。

如图 10 所示，当 $h = 9m$、$\rho_1 = 300\Omega \cdot m$、$\rho_2 = 100\Omega \cdot m$ 时，理想的模拟视在电阻率 ρ_a 与实测电阻率 ρ_{cl} 基本吻合，可认为该土壤表层电阻率为 $300\Omega \cdot m$，厚度 9m，下层土壤电阻率为 $100\Omega \cdot m$。

a	h	ρ_1	ρ_2	ρ_a	ρ_{cl}
5	9	300	100	286.0870395	291.4
10	9	300	100	238.0081158	
15	9	300	100	189.4620086	196.1
20	9	300	100	155.8052432	
30	9	300	100	122.914919	133.9
40	9	300	100	111.078765	
50	9	300	100	106.3136716	120.2
60	9	300	100	104.0738214	
70	9	300	100	102.8619915	107.2
80	9	300	100	102.1308699	
90	9	300	100	101.6532076	105.6
100	9	300	100	101.322444	

图 10 Excel 模拟土壤分层结构

根据 Excel 模拟得出的土壤分层情况，可由式（8）计算出设计用土壤电阻率 ρ，即

$$\rho = K(\rho_2 - \rho_1) + \rho_1 \qquad (8)$$

式中 ρ_1——上层土壤电阻率（$\Omega \cdot m$）；

ρ_2——下层土壤电阻率（$\Omega \cdot m$）；

K ——双层土壤电阻率计算系数。

先从图 11 左下角选定的接地网面积 S 作水平线与视电阻率曲线常数 b' 相交；然后由交点向上作垂线与网孔个数曲线 N 相交；从此交点向右作水平线与图右上角接地体半径曲线 R 相交；再由新交点向下作垂线与接地网长宽比 $L:B$ 曲线相交；最后由交点向右作水平线即得 K。视电阻率曲线常数 $b' \approx 3H$，其中 H 为第一层土壤的深度（m）。

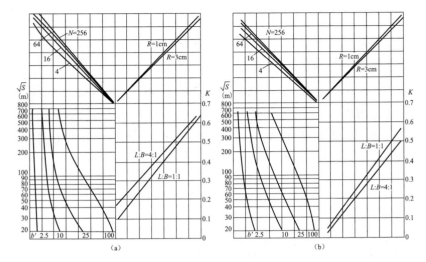

图 11　系数 K 的曲线图

（a）$\rho_1 > \rho_2$；（b）$\rho_1 < \rho_2$

（2）当土壤具有图 12 所示的两个剖面结构，水平接地网的接地电阻 R 可用式（9）计算

$$R = \frac{0.5\rho_2\rho_1\sqrt{S}}{\rho_1 S_2 + \rho_2 S_1} \tag{9}$$

式中　　S_1 ——覆盖在 ρ_1 电阻率上的接地网面积（m^2）；

　　　　S_2 ——覆盖在 ρ_2 电阻率上的接地网面积（m^2）；

　　　　S ——接地网总面积（m^2）。

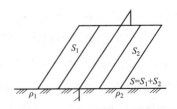

图 12　双剖面结构土壤接地网

17. 变电站接地网接地电阻允许值怎么确定？

答：变电站接地网接地电阻的允许值与系统接地方式有关，具体如下：

（1）有效接地系统、低电阻接地系统，接地网接地电阻应满足式（10），且低压（380V/220V）电气装置应采用保护总等电位联结系统，当 $RI_G > 1200V$（基本固体绝缘和附加固体绝缘可承受暂时过电压 $U_n + 1200V$，U_n 为低压系统标称相电压）时，站用电系统应采用 TN 接地形式，即

$$R \leqslant \frac{2000}{I_G} \qquad (10)$$

其中

$$I_G = I_g D_f$$

式中　R ——采用季节变化的最大接地电阻（Ω）；

I_G ——计及直流偏移的经接地网入地的最大接地故障不对称电流有效值（A）；

I_g ——经接地网入地的故障对称电流（A）；

D_f ——直流分量衰减系数，典型的衰减系数可按表 3 中的 t 和 X/R 确定。

表 3　　　　典型衰减系数

故障时延 t（s）	50Hz 对应的周期	衰减系数 D_f			
		$X/R=10$	$X/R=20$	$X/R=30$	$X/R=40$
0.05	2.5	1.2685	1.4172	1.4965	1.5445
0.1	5	1.1479	1.2685	1.3555	1.4172
0.2	10	1.0766	1.1479	1.2125	1.2685
0.3	15	1.0517	1.101	1.1479	1.1919
0.4	20	1.039	1.0766	1.113	1.1479
0.5	25	1.0313	1.0618	1.0913	1.1201
0.75	37.5	1.021	1.0416	1.0618	1.0816
1	50	1.0158	1.0313	1.0467	1.0618

有效接地系统、低电阻接地系统发生不对称短路故障时，短路电流由系统和变电站共同提供，当故障点在变电站内时，变电站内接地网地电位的升高，主要由系统提供的短路电流决定，这部分电流分两路流回系统，如图13所示，一路经过架空地线，一路经过大地，经过大地流回系统的短路电流与接地网接地电阻的乘积便是地电位的升高值。当故障点在变电站外时，变电站内接地网地电位的升高，主要由变电站提供的短路电流决定，这部分电流也分两路流回变电站，如图14所示，一路经过架空地线，一路经过大地，经过大地流回系统的短路电流与接地网接地电阻的乘积便是地电位的升高值。具体计算见式（11）和式（12）。

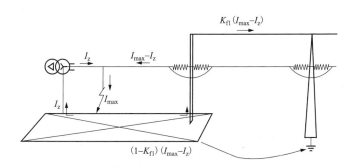

图 13   接地短路发生在接地装置内电流分配图

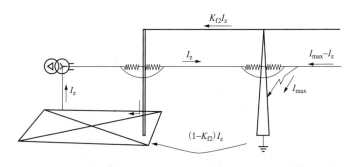

图 14   接地短路发生在接地装置外电流分配图

1）接地短路发生在接地装置内时

$$I_g = (I_{max} - I_z) - (I_{max} - I_z)K_{f1} = (I_{max} - I_z)(1 - K_{f1}) \quad (11)$$

式中　I_{max}——最大单相短路电流（A）；

　　　I_z——变电站提供的短路电流（A）；

　　　$I_{max} - I_z$——系统供给的短路电流（A）；

　　　K_{f1}——接地装置内发生接地故障时，避雷线的分流系数；

　　　$(I_{max} - I_z)K_{f1}$——避雷线分走的短路电流（A）；

　　　I_g——经接地网入地的故障对称电流（A）。

2）接地短路发生在接地装置外时

$$I_g = I_z - I_zK_{f2} = I_z(1 - K_{f2}) \quad (12)$$

式中　K_{f2}——接地装置外发生接地故障时，避雷线的分流系数；

　　　I_zK_{f2}——避雷线分走的短路电流（A）；

　　　I_g——经接地网入地的故障对称电流（A）。

计算分流系数前，应了解架空线路的地线有无绝缘装置（有些架空线路的地线，为了融冰和减小电能损耗地线对杆塔是绝缘的。雷击时，通过间隙放电而接地，对无绝缘装置的地线，才考虑分流作用）。分流系数受架空地线、地线尺寸与材质、架空线路的回数、电力电缆的回数、变电站接地电阻、架空线路另一端变电站的接地电阻和线路杆塔接地电阻等多种因素的影响，其计算复杂繁琐，在工程设计中宜采用专用计算分析程序对其专门加以计算。

（2）不接地、谐振接地和高电阻接地系统，接地网接地电阻应满足式（13），但不应大于4Ω，且保护接地接至变电站接地网的站用变压器的低压侧电气装置，应采用保护总等电位联结系统

$$R \leqslant \frac{120}{I_g} \quad (13)$$

式中　R——采用季节变化的最大接地电阻（Ω）；

　　　I_g——经接地网入地的故障对称电流（不接地、谐振接地和

高电阻接地系统发生单相接地故障后，虽然对地短路电流中也存在着直流分量，但因不立即跳闸，衰减较快的直流的影响可以不考虑）（A）。

在中性点不接地网络中，计算电流可按式（14）计算

$$I_{\mathrm{g}} \leqslant \frac{U(35l_{\mathrm{dl}} + l_{\mathrm{jk}})}{350} \tag{14}$$

式中　I_{g}——单相接地电容电流（A）；

　　　U——网络线电压（kV）；

　　　l_{dl}——电缆线路长度（km）；

　　　l_{jk}——架空线路长度（km）。

对于高压厂用电系统，当接地电容电流小于7A时，常采用不接地方式或经高阻接地方式。

一般地，10、35kV电网采用中性点不接地方式，但当10kV电网单相接地故障电流大于30A、35kV电网单相接地故障电流大于10A时，中性点应经消弧线圈接地。采用谐振接地系统中，计算发电厂和变电站接地网的入地对称电流时，对于装有自动跟踪补偿消弧装置（含非自动调节的消弧线圈）的发电厂和变电站电气装置的接地网，计算电流等于接在同一接地网中同一系统各自动跟踪补偿消弧装置额定电流总和的1.25倍；对于不装自动跟踪补偿消弧装置的发电厂和变电站电气装置的接地网，计算电流等于系统中断开最大一套自动跟踪补偿消弧装置或系统中最长线路被切除时的最大可能残余电流值。

18. 对于有效接地系统，当接地网地电位升高大于2000V时，需采取什么措施？

答：对于有效接地系统，当接地网地电位升高大于2000V时，可从三方面采取措施以确保设备、人身安全。一是通过接地网改造降低接地电阻（成本相对高）；二是通过改变运行方式减小短路电

流（可操作性不强，且不能彻底消除隐患）；三是采取消除低电位引内高电位引外等保护措施提升地电位升高允许值（经济性，操作性强）。具体如下：

（1）防止二次系统绝缘击穿的保护措施。变电站接地网地电位升高直接与二次系统的安全性相关。系统发生接地故障时接地网中流动的电流，将在二次电缆的芯线与屏蔽层之间、二次设备的信号线或电源线与地之间产生电位差。当该电位差超过二次电缆或二次设备绝缘的工频耐受电压时，二次电缆或设备将会发生绝缘破坏。因此，必须将极限电位升高控制在二次系统安全值之内。一般二次电缆 2s 工频耐受电压较高（≥5kV），二次设备（如综合自动化设备）工频绝缘耐受电压为 2kV/min。从安全出发，二次系统的绝缘耐受电压可取 2kV。

二次系统在短路时承受的地电位升高，还取决于二次电缆的接地方式。

二次电缆屏蔽层单端接地时，电缆屏蔽层中没有电流流过，接地故障时二次电缆芯线上的感应电位很小，二次电缆承受的电位差即为地电位升高。该电位差施加在二次电缆的绝缘上，因此，地电位升高直接取决于二次电缆绝缘的交流耐压及二次设备绝缘的交流耐压值，即二次电缆屏蔽层单端接地时，地电位升高值不能大于 2kV。

当电缆的屏蔽层双端接至接地网时，接地故障电流注入接地网会有部分电流从电缆的屏蔽层中流过，将在二次电缆的芯线上感应较高的电位，从而使作用在二次电缆的芯与屏蔽层电位差减小。因此，为抑制电磁干扰、防止地电位反击，变电站内微机型继电保护装置之间、保护装置至开关场就地端子箱之间以及保护屏至监控设备之间所有二次回路的电缆均应使用屏蔽电缆，电缆的屏蔽层两端接地。

对二次电缆的不同布置方式及不同接地故障点位置，通过大量的计算表明，双端接地电缆上感应的芯-屏蔽层电位通常不到地网电位的 20%；甚至对于土壤电阻率为 500Ω·m 左右且边长大于 100m 的接地网，即使在二次电缆屏蔽层接地点附近发生接地故障，芯-屏蔽层电位也小于接地网电位升高的 40%。目前，变电站已实现在电气装置处就近设置保护，二次电缆一般都较短，如果二次电缆的长度小于接地网边长的一半，则在最严酷的条件下，芯-屏蔽层电位差也小于 40%甚至更小。因此，采用二次电缆屏蔽层双端接地，可以将地电位升高放宽到 2kV/40%=5kV。即二次电缆屏蔽层双端接地时，地电位升高值可放宽至 5kV。

二次电缆屏蔽层双端接地带来的一个问题是接地故障时有部分故障电流流过二次电缆的屏蔽层，如果故障电流较大，则有可能烧毁屏蔽层。应在电缆沟中与二次电缆平行布置一根扁铜或铜绞线，并接至接地网，二次电缆与扁铜应可靠连接。由于扁铜的阻抗比二次电缆屏蔽层的阻抗小得多，发生接地故障时，故障电流主要从扁铜中流过，而流过二次电缆屏蔽层的电流较小，可以消除屏蔽层双端接地时可能烧毁二次电缆的危险。

（2）防止高电位引向站外、低电位引向站内的隔离措施。

1）当变电站站用变压器向站外低压用户供电时，为防止将故障发生引起地网电位升高的高电位引出，向站外供电用低压线路应采用架空线，其电源（变压器低压绕组）中性点不在站内接地，而须在站外适当的地方接地，且在站区内的水泥杆铁横担低压线路也不宜接地。

2）引出站区外的低压线路，如在电源侧安装有低压避雷器时，宜在避雷器前接一组 RC1A 或 RL1 型熔断器，熔体的额定电流为 5A。接地网的暂态电位升高，使避雷器击穿放电后造成短路、熔体熔断，从而隔离接地电位。

3）采用电缆向站区外的用户供电时，除电源中性点不在站区内接地而改在用户处接地外，最好使用全塑电缆。如为铠装电缆，电缆在进入用户处，应将铠装或铅（铝）外皮剥掉 0.5～1m，或采用其他隔离或绝缘措施。

4）架空引出站区外的金属管道，宜采用一段绝缘的管段，或在法兰连接处加装橡皮垫、绝缘垫圈和将螺栓穿在绝缘套内等绝缘措施。

5）当与变电站连接的通信线路未采用光缆时，须考虑地电位升高的高电位引出及其隔离措施。应采用专门的隔离变压器，其一、二次绕组间绝缘的交流 1min 耐压值不应低于 15kV。

（3）工频暂态电压反击。

1）防止对站用变压器的反击。由于变电站的站用变压器外壳与变电站接地网相连，为此应避免变电站接地网过高的地电位升高对站用变压器低压绕组造成反击。一般条件下，站用变压器的 0.4kV 侧的短时交流耐受电压为 3kV，当地电位升高不大于 2kV 时，不会造成反击伤害；当接地网地电位升高超过 2kV 时，需考虑站用变压器的 0.4kV 侧绕组的短路（1min）交流耐受电压应比接地网地电位升高 40%，以确保接地网地电位升高不会反击至低压系统。

2）防止对避雷器的反击。考虑短路电流非周期分量的影响，当接地网电位升高时，为保证变电站中 3～10kV 系统避雷器在工频暂态电压作用下不发生反击，则变电站接地网工频接地电阻应满足式（15），即

$$R \leqslant (U_{gf} - U_n)/1.8I_G \qquad (15)$$

式中　U_{gf}——3～10kV 阀型避雷器工频放电电压下限值（kV）取值见表 4；

U_n——系统标称相电压（kV）；

I_G——接地故障电流中经接地网流入地中的电流最大值，包括对称的交流分量和单向的直流分量（kV）。

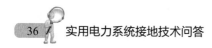

表4　　　　3～10kV 阀型避雷器工频放电电压下限值

和允许的全场接地电阻

额定线电压（kV）	阀型避雷器工频放电电压下限值（kV）	不同 I（kA）值允许接地电阻值（Ω）					
		1	2	4	6	8	10
3	9	4	2	1	0.67	0.5	0.4
6	16	7	3.5	1.75	1.17	0.88	0.7
10	26	11	5.5	2.75	1.83	1.38	1.1

当采用无间隙金属氧化物避雷器时，对 3、6、10kV 系统标称电压可分别按式（15）计算得出的接地电阻允许值的 80%、85%、90%进行估算。

第二节　计算接地电阻常用公式

诺贝尔物理学奖获得者费米曾说，从事物理理论研究有两个方面非常重要，一是非常清楚的物理图像；二是非常准确且能够自圆其说的数学形式。

19. 半球形接地极接地电阻如何计算?

答：埋入均匀土壤且与地面齐平半球接地极接地电阻计算公式为

$$R = \frac{\rho}{2\pi r} \qquad (16)$$

式中　ρ——土壤电阻率（Ω·m）；

r——半球半径（m）。

半球形接地极一般只适用于理论分析，鲜有实际应用。

20. 圆盘形接地极接地电阻如何计算?

答：与地面齐平的置于均匀土壤中的圆盘接地极接地电阻计算

公式为

$$R = \frac{\rho\sqrt{\pi}}{4\sqrt{S}} = \frac{\rho}{4r} \tag{17}$$

式中　ρ——土壤电阻率（$\Omega \cdot m$）；

　　　S——接地极面积（m^2）；

　　　r——圆盘半径（m）。

圆盘形（平板）接地极耗费地材、经济性差，在此基础上衍生出来的水平接地极为主边缘闭合的复合接地网的接地电阻精确计算和简化计算公式被广为应用。

21. 长方体接地极接地电阻如何计算？

答：与地面齐平的置于均匀土壤中的长方体接地极接地电阻计算公式为

$$R = \frac{\rho}{4\pi\sqrt{\frac{ab}{\pi} - c^2}} \sin^{-1} \frac{\sqrt{\frac{ab}{\pi} - c^2}}{\sqrt{\frac{ab}{\pi}}} \tag{18}$$

式中　ρ——土壤电阻率（$\Omega \cdot m$）；

　　　a——长方体接地极的长（m）；

　　　b——长方体接地极的宽（m）；

　　　c——长方体接地极的高（m）。

长方体接地极同半球形接地极一样，一般只适用于理论分析，鲜有实际应用。

22. 水平接地极接地电阻如何计算？

答：均匀土壤中不同形状的水平接地极接地电阻计算公式为

$$R = \frac{\rho}{2\pi L}\left(\ln\frac{L^2}{hd} + A \right) \tag{19}$$

式中　ρ——土壤电阻率（$\Omega \cdot m$）；

L ——水平接地极的总长度（m）；

h ——水平接地极埋设深度深（m）；

d ——水平接地极的直径或等效直径（m）；

A ——水平接地极的形状系数，见表5。

表 5   水平接地极的形状系数

水平接地极形状	—	∟	人	○	＋	□	✴	✳	❋	✽
形状系数 A	−0.6	−0.18	0	0.48	0.89	1	2.19	3.03	4.71	5.65

23. 垂直接地极接地电阻如何计算?

答：均匀土壤中，当 $L \geq d$ 时，垂直接地极接地电阻可按式（20）计算

$$R = \frac{\rho}{2\pi L}\left(\ln\frac{8L}{d} - 1\right) \qquad (20)$$

式中 ρ ——土壤电阻率（Ω·m）；

L ——垂直接地极的长度（m）；

d ——垂直接地极的直径或等效直径（见图15）（m）。

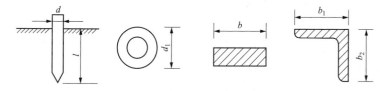

图 15   垂直接地极的示意图

（1）管状导体等效直径为

$$d = d_1$$

（2）扁导体等效直径为

$$d = \frac{b}{2}$$

（3）等边角钢等效直径为

$$d = 0.84b$$

（4）不等边角钢等效直径为

$$d = 0.71[b_1 b_2 (b_1^2 + b_2^2)]^{0.25}$$

24. 水平接地极为主边缘闭合的复合接地网接地电阻如何计算？

答：水平接地极为主边缘闭合的复合接地网接地电阻的计算分为精确计算和简化计算，具体如下：

（1）精确计算公式为

$$R = a_1 R_e \qquad (21)$$

其中

$$a_1 = \left(3\ln\frac{L_0}{\sqrt{S}} - 0.2\right)\frac{\sqrt{S}}{L_0}$$

$$R_e = 0.213\frac{\rho}{\sqrt{S}}(1+B) + \frac{\rho}{2\pi L}\ln\left(\frac{S}{9hd} - 5B\right)$$

$$B = \frac{1}{1 + 4.6\dfrac{h}{\sqrt{S}}}$$

式中 a_1 —— 复合接地网形状系数；

R_e —— 等效方形接地网的接地电阻（Ω）；

L_0 —— 接地网的外缘边线总长度（m）；

S —— 接地网的总面积（m²）；

ρ —— 土壤电阻率（Ω·m）；

L —— 水平接地极的总长度（m）；

h —— 水平接地极埋设深度深（m）；

d —— 水平接地极的直径或等效直径（m）。

（2）简化计算公式为

$$R = 0.5 \frac{\rho}{\sqrt{S}} \qquad (22)$$

式中　ρ——土壤电阻率（Ω·m）；

　　　S——接地网的总面积（m²）。

该简化公式［即式（22）］是由圆盘形接地极接地电阻计算公式［即式（17）］修正而来，可用于计算接地网总面积大于 100m² 的闭合接地网接地电阻，即

$$R = \frac{\rho \sqrt{\pi}}{4\sqrt{S}} \approx 0.443 \frac{\rho}{\sqrt{S}}$$

式（22）计算结果比式（17）计算结果高 12.87%，尽管误差略偏大，但其仍是当前计算变电站等大型地网接地电阻最常用的公式，式（21）误差较小，却少有应用，究其原因主要有两点：

1）目前设计单位普遍不精确分析站址土壤分层情况，对土壤电阻率的估值误差一般远大于 12.87%，此时再用式（21）计算意义不大。

2）式（22）计算值较实际值偏大，当计算值小于允许值时，电网运行更加安全；当计算值小于允许值时，所设计出的方案更容易成功降阻，是当下较好的策略。

25. 双层土壤中几种接地装置的接地电阻如何计算？

答：典型双层土壤中接地装置接地电阻的计算公式如下：

（1）深埋垂直接地极的接地电阻（见图 16）为

$$R = \frac{\rho_{\mathrm{a}}}{2\pi l}\left(\ln \frac{4l}{d} + C\right) \qquad (23)$$

其中　　　$C = \sum_{n=1}^{\infty}\left(\frac{\rho_2 - \rho_1}{\rho_2 + \rho_1}\right)^n \ln \frac{2nH + l}{2(n-1)H + l}$

当 $l < H$ 时

$$\rho_{\mathrm{a}} = \rho_1$$

当 $l > H$ 时

$$\rho_{\mathrm{a}} = \frac{\rho_1 \rho_2}{\dfrac{H}{l}(\rho_2 - \rho_1) + \rho_1}$$

式中　R ——深埋垂直接地极的接地电阻，（Ω）；

　　　ρ_{a} ——等效土壤电阻率（$\Omega \cdot \mathrm{m}$）；

　　　ρ_1 ——上层土壤电阻率（$\Omega \cdot \mathrm{m}$）；

　　　ρ_2 ——下层土壤电阻率（$\Omega \cdot \mathrm{m}$）；

　　　l ——垂直接地极的长度（m）；

　　　H ——上层土壤深度（m）；

　　　d ——垂直接地极的直径（m）。

（2）具有两个剖面结构土壤中水平接地网的接地电阻（见图17）为

$$R = \frac{0.5\rho_1\rho_2\sqrt{S}}{\rho_2 S_1 + \rho_1 S_2} \tag{24}$$

式中　S_1、S_2 ——覆盖在 ρ_1、ρ_2 土壤电阻率上的接地网面积（m^2）；

　　　S ——接地网总面积（m^2）。

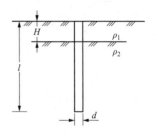
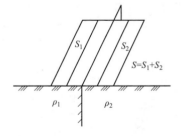

图 16　深埋接地体示意图　　图 17　两种土壤电阻率的接地网

26. 如何计算多重互连接地网的接地电阻？

答：对于多重互连的接地网，其接地电阻可按下列方法计算：

（1）接地网间距较大的多重互连接地系统，各接地网间的相互影响甚微，接地系统的接地电阻计算可不计及接地网间的互相影响，接地电阻可按各接地网并联计算。

（2）对于地网相距很近，且联系十分紧密的接地系统，可将互连接地网作为一个整体接地网，按式（22）进行计算。

（3）当接地网面积很大时，地网将不是等电位，计算接地网电阻时应考虑地网的有效利用率，按式（25）计算，即

$$R = K_e \frac{0.5\rho}{\sqrt{S}} \qquad (25)$$

式中　ρ——土壤电阻率（Ω·m）；

　　　S——接地网的总面积（m²）；

　　　K_e——大型地网工频有效利用系数，查图 18 中曲线可得其值。

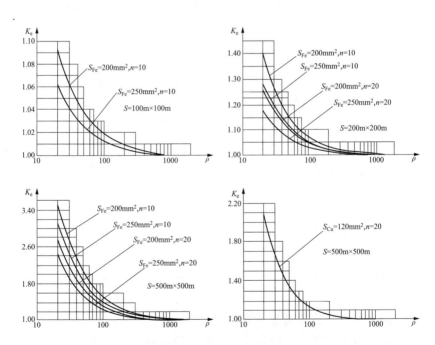

图 18　大型地网工频有效利用系数曲线

S_{Fe}—钢质导体截面积；S_{Cu}—铜质导体截面积；n—网孔数

第三节　接地极形式选择

27. 变电站接地极采用哪种模型用材最少？

答：变电站接地极按其所处空间可分为三维模型（半球形、长方体）、二维模型（平板、网状、十字形）、一维模型（直线形），就降阻（工频电阻）效率而言，一维直线形用材最少，二维平面形次之，三维立体形最差。假设变电站站址土壤电阻率为 100Ω·m，接地电阻达到 0.5Ω 设计值时，不同接地极模型用材量如下：

（1）三维立体模型。

1）半球形。设一半径为 31.84m 的半球，球面向下，沿地表面布置，其接地电阻值约为 0.5Ω，共计所需材料为 67605m³，计算如下

$$R = \frac{\rho}{2\pi r} = \frac{100}{2\pi 31.84} \approx 0.5(\Omega)$$

$$V = \frac{2}{3}\pi r^3 = \frac{2}{3} \times \pi \times 31.84^3 = 67605(\mathrm{m}^3)$$

2）长方体形。设一长宽高（*abc*）为 88.0m×70.4m×10.6m 的长方体模块，上表面与地面齐平布置，可求得其接地电阻值约为 0.5Ω，共计所需材料为 65669m³，计算如下

$$R_0 = \frac{100}{2\pi\sqrt{88 \times \frac{70.4}{\pi} - 10.6^2}}\arcsin\frac{\sqrt{88 \times \frac{70.4}{\pi} - 10.6^2}}{\sqrt{88 \times \frac{70.4}{\pi}}} \approx 0.5(\Omega)$$

$$V = a \times b \times c = 88 \times 70.4 \times 10.6 = 65669(\mathrm{m}^3)$$

（2）二维模型。

1）平板形。设一半径为 50m、厚度为 10mm（与一般的圆钢直径等同）的圆板，沿地表面布置，其接地电阻值约为 0.5Ω，共计所

需材料为 78.5m³，计算如下

$$R = \frac{\rho\sqrt{\pi}}{4\sqrt{S}} = \frac{100\sqrt{\pi}}{4\sqrt{\pi 50^2}} = 0.5(\Omega)$$

$$V = \pi r^2 d = \pi \times 50^2 \times 0.01 \approx 78.5(m^3)$$

2）网状形。设用直径 10mm 的圆钢布置 100m×100m 的水平地网（网格单元 10m×10m，需 22 根直径 10mm 长为 100m 的圆钢），其接地电阻值约为 0.5Ω，共计所需材料为 0.1727m³，计算如下：

$$R = \frac{0.5\rho}{\sqrt{S}} = \frac{0.5 \times 100}{\sqrt{100^2}} = 0.5(\Omega)$$

$$V = \pi r^2 l = \pi \times \left(\frac{0.01}{2}\right)^2 \times 100 \times 11 \times 2 \approx 0.1727(m^3)$$

3）十字形。设直径 10mm，长 600m 的圆钢，十字形布置，埋深 0.6m，其接地电阻值约为 0.5Ω，共计所需材料为 0.0471m³，计算如下

$$R = \frac{\rho}{2\pi l}\left(\ln\frac{l^2}{hd} + A\right) = \frac{100}{2\pi 600}\left(\ln\frac{600^2}{0.6 \times 0.01} + 0.89\right) \approx 0.5(\Omega)$$

$$V = \pi r^2 l = \pi \times \left(\frac{0.01}{2}\right)^2 \times 600 \approx 0.0471(m^3)$$

（3）一维模型。

1）水平直线形。设一直径 10mm，长 550m 的圆钢，水平直线形布置，埋深 0.6m，其接地电阻值约为 0.5Ω，共计所需材料为 0.04318m³，计算如下

$$R = \frac{\rho}{2\pi l}\left(\ln\frac{l^2}{hd} - 0.6\right) = \frac{100}{2\pi \times 550}\left(\ln\frac{550^2}{0.6 \times 0.01} - 0.6\right) \approx 0.5(\Omega)$$

$$V = \pi r^2 l = \pi \times 0.005^2 \times 550 \approx 0.04318(m^3)$$

2）垂直直线形。设一直径 10mm，长 370mm 的圆钢，垂直直线形布置，其接地电阻值约为 0.5Ω，共计所需材料为 0.02905m³，

计算如下

$$R = \frac{\rho}{2\pi l}\left(\ln\frac{8l}{d}-1\right) = \frac{100}{2\pi \times 370}\left(\ln\frac{8\times 370}{0.01}-1\right) \approx 0.5(\Omega)$$

$$V = \pi r^2 l = \pi \times 0.005^2 \times 370 \approx 0.02905(\text{m}^3)$$

以上计算可知，接地电阻值降至相同数值时，直线形耗材最少，十字形、网状形次之，平板形较多，半球形、长方体形耗材最多。

28. 接地极模型是否以耗材最少为最优作为选择标准？

答：变电站接地极模型的选择主要从两方面考虑，一是经济性，如耗材量的比选；二是安全性，如跨步电压、接触电压的比较。对于输电线路杆塔，还需考虑防雷效果。

半球形、长方体形接地极耗材巨大，无实际应用；平板形接地极耗材也很大，因此较为少见；一般只用网状、十字形和直线形等经济、高效的接地极形式。尽管直线形最为经济，但却用得较少，主要是均压性差，容易产生较高的跨步电压、接触电压；另外，单根长接地极不利于降低冲击电阻，防雷效果差。

因此，变电站一般采用网状接地极。例如，土壤电阻率为100Ω·m时，通常会布置100m×100m的水平地网将电阻降至0.50Ω，同时还会沿地网边缘（尤其是四个边角，跨步电压最大）、高压设备区（操作频率较高，触电风险增加）布置垂直接地极，其降阻效果几可忽略，却能起到进一步均压的效果。

网状布置的接地极所耗材为十字形的3~4倍，对于高处山巅、人迹罕至的输电线路杆塔接地装置，不需考虑跨步电压、接触电压的安全问题，故可直接布置成十字形，从而大大节约费用。十字形为输变电线路杆塔常用的接地形式，但大部分时候会在中间地基周围布置一闭合环以均压，如图19所示。十字形是一种放射形接地，放射形是

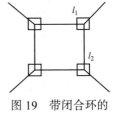

图 19　带闭合环的
十字形接地

最常见的一种接地形式，不仅适用于输电线路杆塔，还适用于各种对跨步电压、接触电压要求不高的场所。不过，输电线路杆塔接地装置主要是为防雷，因此射线不宜过长，否则末端对降低冲击电阻几无效果。

29. 网状接地极如何布置？

答：网状接地极的布置可分为等间距布置和不等间距布置。等间距布置时，接地网的水平接地极采用 10～20m 的间距布置，接地极间距的大小应根据地面电气装置接地布置的需要确定。不等间距布置的接地网接地极从中间到边缘应按一定的规律由稀到密布置，以使接地网接地极上分布的电流均匀，达到既可均衡地表电位分布、降低接触电位差和跨步电位差，又可节约投资的目的。

布置网状人工接地网时还须将其外缘闭合，外缘各角应做成圆弧形，圆弧的半径不宜小于均压带间距的 1/2，接地网内应敷设水平均压带，接地网的埋设深度不宜小于 0.8m。在冻土地区应敷设在冻土层以下；对于 35kV 及以上变电站接地网边缘经常有人出入的走道处，应铺设砾石、沥青路面或在地下装设两条与接地网相连的均压带。可采用"帽檐式"均压带；但在经常有人出入的地方，结合交通道路的施工，采用高电阻率的路面结构层作为安全措施要比埋设"帽檐式"辅助均压带方便，应因地制宜。

当人工接地网的地面上局部地区的接触电位差和跨步电位差超过允许值，因地形、地质条件的限制扩大接地网的面积有困难，全面增设均压带又不经济时，可采取下列措施：

（1）在经常维护的通道、操动机构四周、保护网附近局部增设 1～2m 网孔的水平均压带，可直接降低大地表面电位梯度，此方法比较可靠，但需增加钢材消耗。

（2）地表铺设高电阻率表层材料，用以提高地表面电阻率，以降低人身承受的电压。此时地面上的电位梯度并不改变。地表高电阻率表层材料主要有砾石或鹅卵石、沥青、沥青混凝土、绝缘水泥。即使在下雨天，砾石或沥青混凝土仍能保持 $5000\Omega\cdot m$ 的电阻率。建议在站内道路上敷设沥青或沥青混凝土，在设备周围敷设鹅卵石。特别应当注意，普通的混凝土路面不能用来作为提高表层电阻率的措施，因为混凝土的吸水性能，下雨天其电阻率将降至几十欧姆·米。

随着高电阻率表层厚度的增加，接触电位差和跨步电位差允许值的增加具有饱和趋势，即增加高电阻率表层厚度来提高安全水平具有饱和特性。因此不仅要使接触电位差和跨步电位差的提高满足人身安全要求，还必须将接地电阻降低到合适的值。地表高电阻率表层的厚度一般可取 $10\sim35cm$。

采用高电阻路面的措施，在使用年限较久时，若地面的砾石层充满泥土或沥青地面破裂，则不安全，因此必须定期维护，并因地制宜选定维护措施。

30. 怎样校验接地极的布置满足人身安全的要求？

答：为使接地极的布置满足人身安全的要求，接地网接触电位差、跨步电位差的设计值必须小于其允许值。

（1）触电位差、跨步电位差的允许值。

1）在 110kV 及以上有效接地系统和 10～35kV 低电阻接地系统发生单相接地或同点两相接地时，接地故障（短路）电流流过接地装置时，大地表面形成分布电位，人体可承受的接触电位差、跨步电位差由人体可承受的最大交流电流有效值决定：

对于体重 50kg 的人，人体可承受的最大交流电流有效值为

$$I_b = \frac{116}{\sqrt{t_s}} \qquad (26)$$

对于体重 70kg 的人，人体可承受的最大交流电流有效值为

$$I_b = \frac{157}{\sqrt{t_s}} \qquad (27)$$

式中　t_s——通过人体电流的时间即接地故障持续时间（s）。

配置有两套速动主保护、近接地后备保护、断路器失灵保护和自动重合闸时，t_s按式（28）取值

$$t_s \geqslant t_m + t_f + t_o \qquad (28)$$

式中　t_m——主保护动作时间（s）；

　　　t_f——断路器失灵保护动作时间（s）；

　　　t_o——断路器开断时间（s）。

配置有一套速动主保护、近或远（或远近结合的）后备保护和自动重合闸，有或无断路器失灵保护时，t_s按式（29）取值

$$t_s \geqslant t_o + t_r \qquad (29)$$

式中　t_r——第一级后备保护动作时间（s）。

人体的电阻变动范围很大，我国一直采用1500Ω。人站在表层土壤电阻率为ρ_s的地面上时，两脚可视为两个半径约8cm的圆盘电极，每一个圆盘电极的接地电阻即人体一脚的接地电阻为$3\rho_s$，故当人体受到接触电势时，因两脚并联，双脚对地的接地电阻为$1.5\rho_s$；人体受跨步电势时，因两脚串联，故双脚对地的接地电阻为$6\rho_s$。即

$$R = \frac{\rho_s \sqrt{\pi}}{4\sqrt{S}} = \frac{\rho_s}{4r} = \frac{\rho_s}{4\times0.08} \approx 3\rho_s \qquad (30)$$

对于地表敷设高电阻率表层材料，而下层仍为低电阻率土壤时，引入一个校正系数C_s（表层衰减系数），变电站接地网的接触电位差U_t（V）和跨步电位差U_s（V）不应超过由式（31）~式（33）计算所得的数值［式（31）~式（33）中表层衰减系数存在5%以内的误差，可在对计算精度要求不是很高的工程中应用］，即

$$U_{t} = \frac{116}{\sqrt{t_s}}(1500 + 1.5\rho_s C_s) = \frac{174 + 0.17\rho_s C_s}{\sqrt{t_s}} \qquad (31)$$

$$U_{s} = \frac{116}{\sqrt{t_s}}(1500 + 6\rho_s C_s) = \frac{174 + 0.7\rho_s C_s}{\sqrt{t_s}} \qquad (32)$$

$$C_{s} = 1 - \frac{0.09 \times \left(1 - \dfrac{\rho}{\rho_s}\right)}{2h_s + 0.09} \qquad (33)$$

式中　ρ——下层土壤电阻率（$\Omega \cdot m$）;

　　　h_s——表层土壤厚度（m）。

2）10～66kV 不接地、谐振接地和经高电阻接地的系统，发生单相接地故障后，当不迅速切除故障时，变电站接地网的接触电位差和跨步电位差不应超过由式（34）和式（35）计算所得的数值，即

$$U_{t} = 50 + 0.05\rho_s C_s \qquad (34)$$

$$U_{s} = 50 + 0.2\rho_s C_s \qquad (35)$$

（2）触电位差、跨步电位差的计算。

1）接触电位差。计算接触电位差时，采用接地网网孔中心地面上与接地网的电位差。网孔电压表征接地网的一个网孔内可能出现的最大接触电位差，即最大接触电位差为最大网孔电压，网孔电压与土壤电阻率 ρ、接地网最大入地电流 I_G、几何校正系数 K_m、接地网不规则校正系数 K_i 和接地网导体有效长度 L_m 有关，均匀土壤中，等间距布置的接触电位差可按式（36）计算，即

$$U_{t} = \frac{\rho I_G K_m K_i}{L_m} \qquad (36)$$

2）跨步电位差。跨步电位差 U_s 与土壤电阻率 ρ、接地网最大入地电流 I_G、几何校正系数 K_s、接地网不规则校正系数 K_i 和接地网导体有效长度 L_s 有关，均匀土壤中，等间距布置的跨步电位差可按式（37）计算，即

$$U_{s} = \frac{\rho I_{G} K_{s} K_{i}}{L_{s}} \qquad (37)$$

第四节　变电站二次系统的接地

31. 变电站室内等电位地网的设置有哪些要求？

答：变电站室内等电位地网的设置应满足下列要求：

（1）变电站控制室及保护小室应独立敷设与主接地网单点连接的二次等电位接地网。在保护室屏柜下层的电缆室（或电缆沟道）内，沿屏柜布置的方向逐排敷设截面积不小于 $100mm^2$ 的铜排，将铜排的首端、末端分别连接，形成保护室内的等电位地网。

（2）等电位地网与主接地网的连接，要求如下：

1）室内等电位地网应与变电站主接地网一点可靠相连，连接点设置在保护室的电缆沟道入口处。为保证连接可靠，等电位地网与主接地网的连接应使用4根及以上单根截面积不小于 $50mm^2$ 的铜排。二次等电位接地点应有明显标志。

2）分散布置保护小室（含集装箱式保护小室）的变电站，每个小室均应参照以上要求设置与主接地网一点相连的等电位地网。小室之间若存在相互连接的二次电缆，则小室的等电位地网之间应使用截面积不小于 $100mm^2$ 的铜排可靠连接，连接点应设在小室等电位地网与变电站主接地网连接处。保护小室等电位地网与控制室、通信室等的地网之间也应按上述要求进行连接。

32. 变电站室外专用铜排的设置有哪些要求？

答：变电站室外专用铜排的设置应满足下列要求：

（1）在开关场安装二次设备或敷设二次电缆的室外，应设置室外专用铜排，要求如下：

1）应在开关场电缆沟道内，沿二次电缆敷设截面积不小于

100mm^2 的铜排，并在交叉处互相可靠连接，形成室外专用铜排。

2）室外专用铜排不需要与安装支架绝缘。在干扰严重的场所，或是为取得必要的抗干扰效果，可在敷设专用铜排的基础上使用金属电缆托盘，并将各段电缆托盘与专用铜排紧密连接。

（2）室外专用铜排与主接地网的连接，要求如下：

1）在各室的电缆沟道入口处、室外的二次设备屏柜（包括室外的汇控柜、智能控制柜、就地端子箱等）处及保护用结合滤波器处，应采用截面积不小于 100mm^2 铜排将室外专用铜排与主接地网可靠连接。

2）由纵联保护用高频结合滤波器至电缆主沟放 1 根截面积不小于 50mm^2 的分支铜导线，该铜导线在电缆沟的一侧焊至沿电缆沟敷设的截面积不小于 100mm^2 的专用铜排上，另一侧在距耦合电容器接地点 3～5m 处与变电站主接地网连通，接地后将延伸至保护用结合滤波器处。

33. 变电站继电保护等二次设备屏柜的接地有哪些要求？

答：继电保护等二次设备屏柜的接地应满足下列要求：

（1）安装继电保护等二次设备或二次电缆的屏柜（包括保护控制柜、开关柜、配电柜、汇控柜、智能控制柜、就地端子箱等，简称屏柜或柜），应设置 1 根截面积不小于 100mm^2 的铜排（不要求与保护屏绝缘）。

（2）屏柜内所有装置、电缆屏蔽层、屏柜门体的接地端应用截面积不小于 4mm^2 的多股铜线与其相连。

（3）室内屏柜的钢排应用截面积不小于 50mm^2 的铜排接至室内的等电位接地网，室外屏柜的铜排应用截面积不小于 100mm^2 的铜排接至室外专用铜排。

（4）安装在一次设备或其支架上的本体端子箱、机构操作箱、接线箱等，箱内二次电缆的屏蔽层在此端不接地时，箱内可不设接

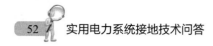

地铜排。

34. 变电站二次电缆的接地有哪些要求？

答：二次电缆的接地应满足下列要求：

（1）微机型继电保护装置之间、保护装置至开关场就地端子箱之间以及保护屏至监控设备之间所有二次回路的电缆均应使用屏蔽电缆，电缆的屏蔽层两端接地，严禁使用电缆内的备用芯线替代屏蔽层接地。

（2）由一次设备（如变压器、断路器、隔离开关和电流、电压互感器等）直接引出的二次电缆的屏蔽层应使用截面积不小于 $4mm^2$ 的专用接地线仅在就地端子箱处一点接地，在一次设备的接线箱处不接地，二次电缆经金属管从一次设备的接线箱引至电缆沟，并将金属管的上端与一次设备的底座或金属外壳良好焊接，金属管的另一端应在距一次设备 $3\sim5m$ 之外与主接地网焊接。

（3）一次设备本体所有二次电缆宜经就地端子箱转接，对于个别未经就地端子箱转接，而直接从一次设备本体至保护装置的二次电缆（如变压器气体保护、放电电压互感器二次回路等），则在一次设备的接线箱处将电缆屏蔽层焊接不小于 $10mm^2$ 的多股绝缘铜缆，并将该铜缆引至最近的室外专用铜排连接。

（4）保护室与通信室之间的信号优先采用光缆传输。若使用电缆，应采用双绞双屏蔽电缆，其中内屏蔽在信号接收侧单端接地，外屏蔽在电缆两端接地。

第五节　雷电过电压保护

35. 雷电过电压保护设计遵循什么原则？

答：雷电过电压保护设计应包括线路雷电绕击、反击或感应过电压以及变电站直击、雷电侵入波过电压保护的设计。输电线路和变电站的防雷设计，应结合当地已有线路和变电站的运行经验、地区雷电活动强度、地闪密度、地形地貌及土壤电阻率，通过计算分析和技术经济比较，按差异化原则进行设计。

36. 变电站防直击雷保护的措施有哪些？

答：变电站的直击雷过电压保护可采用避雷针、避雷线、避雷带和钢筋焊接成网等，具体措施如下：

（1）为保护其他设备而装设的避雷针，不宜装在独立的主控制室和35kV及以下的高压室内配电装置室的顶上。

（2）主控楼（室）或配电装置室和35kV及以下变电站的屋顶上直击雷的保护措施：

1）若有金属屋顶或屋顶上有金属结构，将金属部分接地。

2）若屋顶为钢筋混凝土结构，应将其钢筋焊接成网并接地。

3）若结构为非导电的屋顶，采用避雷带保护，避雷带的网格为8～10m，每隔10～20m设引下线接地。

上述接地应与主接地网连接，并在连接处加装集中接地装置，其接地电阻不应大于10Ω。

（3）峡谷地区的变电站宜用避雷线保护。

（4）建筑物屋顶上的设备金属外壳、电缆外皮和建筑物金属构件均应接地。

（5）上述需装设直击雷保护装置的设施，其接地可利用变电站的主接地网，但应在直击雷保护装置附近装设集中接地装置。

（6）对于气体绝缘金属封闭开关设备（GIS），不需要专门设立避雷针、避雷线，而是将GIS金属外壳作为接闪器，并将其接地。对其引出线的敞露部分或HGIS的露天母线等，则应设避雷针、避雷线予以保护。

37. 变电站雷电保护的接地有哪些要求？

答：变电站雷电保护的接地应符合下列要求：

（1）变电站配电装置构架上避雷针（含悬挂避雷线的架构）的接地引下线应与接地网连接，并应在连接处加装集中接地装置。引下线与接地网的连接点至变压器接地导体（线）与接地网连接点之间沿接地极的长度不应小于15m。

（2）主控制室、配电装置室和35kV及以下变电站的屋顶上如装设直击雷保护装置，若为金属屋顶或屋顶上有金属结构时，则应将金属部分接地；屋顶为钢筋混凝土结构时，则应将其焊接成网接地；结构为非导电的屋顶时，则应采用避雷带保护，避雷带的网格应为8~10m，并应每隔10~20m设接地引下线。该接地引下线应与主接地网连接，并应在连接处加装集中接地装置。

（3）变电站有爆炸危险且爆炸后可能波及站内主设备或严重影响发供电的建（构）筑物，应采用独立避雷针保护，并应采取防止雷电感应的措施。

（4）变电站避雷器的接地导体（线）应与接地网连接，且应在连接处设置集中接地装置。

38. 独立避雷针的接地装置有哪些要求？

答：独立避雷针的接地装置应符合下列要求：

（1）独立避雷针（线）宜设独立的接地装置。

（2）在非高土壤电阻率地区，其工频接地电阻不宜超过10Ω。当有困难时，该接地装置可与主接地网连接，使两者的接地电阻都得到降低。但为了防止经过接地网反击35kV及以下设备，要求避雷针与主接地网的地下连接点至35kV及以下设备与主接地网的地下连接点，沿接地体的长度不得小于15m（因一般情况下，长度15m能将接地体传播的雷电过电压衰减到对35kV及以下设备不危险的程度）。

（3）独立避雷针不应设在人经常通行的地方，避雷针及其接地装置与道路或出入口等的距离不宜小于3m，否则应采取均压措施，或铺设砾石或沥青地面。

39．构架上安装避雷针有哪些要求？

答：构架上安装避雷针应符合下列要求：

（1）110kV 及以上配电装置，一般将避雷针装在配电装置的构架上，但在土壤电阻率大于 1000Ω•m 的地区，宜装设独立避雷针。装设非独立避雷针时，应通过验算，采取降低接地电阻或加强绝缘等措施，防止造成反击事故。

（2）35kV 及以下高压配电装置构架不宜装避雷针，因其绝缘水平很低，雷击时易引起反击。

（3）装设在构架上的避雷针应与接地网连接，并应在其附近装设集中接地装置。装有避雷针的构架上，接地部分与带电部分间的空气中距离不得小于绝缘子串的长度；但在空气污秽地区，如有困难，可按非污秽区标准绝缘子串的长度确定。

（4）装设在除变压器门型构架外的构架上的避雷针与主接地网的地下连接点至变压器接地线与主接地网的地下连接点，埋入地中的接地体的长度不得小于 15m。

（5）变压器门型构架上安装避雷针或避雷线应符合下列要求：

1）当土壤电阻率大于 350Ω•m 时，在变压器门型构架及离变压器主接地线小于 15m 的配电装置的构架上，不得装设避雷针、避雷线。

2）当土壤电阻率不大于 350Ω•m 时，根据方案比较确有经济效益，并经过计算采取相应的防止反击措施后，可在变压器门型构架上装设避雷针、避雷线。

3）装在变压器门型构架上的避雷针应与接地网连接，并应沿不同方向引出 3～4 根放射形水平接地体，在每根水平接地体上离避雷针构架 3～5m 处应装设 1 根垂直接地体。

4）10～35kV 变压器应在所有绕组出线上或在离变压器电气

距离不大于 5m 条件下装设金属氧化物避雷器（MOA）。

5）高压侧电压为 35kV 的变电站，在变压器门型构架上装设避雷针时，变电站接地电阻不应超过 4Ω。

40. 高压架空输电线路的雷电过电压保护有哪些要求？

答：线路的雷电过电压保护应符合下列要求：

（1）输电线路防雷电保护设计时，应根据线路在电网中的重要性、运行方式、当地原有线路的运行经验、线路路径的雷电活动情况、地闪密度、地形地貌和土壤电阻率，通过经济技术比较制订出差异化的设计方案。

（2）少雷区除外的其他地区的 220kV 线路应沿全线架设双地线；110kV 线路可沿全线架设地线，在山区和强雷区，宜架设双地线，在少雷区可不沿全线架设地线，但应装设自动重合闸装置；35kV 及以下线路，不宜全线架设地线。

（3）除少雷区外，6kV 和 10kV 钢筋混凝土杆配电线路，宜采用瓷或其他绝缘材料的横担，并应以较短的时间切除故障，以减少雷击跳闸和断线事故。

41. 将线路的避雷线引接到变电站应符合哪些要求？

答：将线路的避雷线引接到变电站应符合下列要求：

（1）110kV 及以上配电装置，可将线路的避雷线引接到出线门型构架上，在土壤电阻率大于 1000Ω·m 的地区，还应装设集中接地装置。

（2）35kV 配电装置，在土壤电阻率不大于 500Ω·m 的地区，可将线路的避雷线引接到出线门型架构上，应装设集中接地装置。

（3）35kV 配电装置，在土壤电阻率大于 500Ω·m 的地区，避雷线应架设到线路终端杆塔为止。从线路终端杆塔到配电装置的一档线路的保护，可采用独立避雷针，也可在线路终端杆塔上装设避雷针。

42. 雷电流与工频短路电流在地中的扩散是否相同？

答：雷电流通过接地装置向大地扩散时，起作用的是接地装置的冲击接地电阻而不是工频接地电阻，冲击接地电阻与工频接地电阻是不相同的。这主要是由于冲击雷电流的幅值很高，接地体的电位很高，使得紧靠接地体周围的土壤被击穿而发生强烈的火花放电，这仿佛扩大了接地导体的直径，从而使得接地体在冲击雷电流下所呈现的冲击接地电阻要比工频接地电阻小得多（特别对于集中接地装置）。另外，雷电流相当于历时很短的高频冲击波，接地导体本身的电感将起阻碍电流通过的作用，这一效应将阻碍雷电流向长接地体末端的扩散，使末端不能有效地向地中导泄电流。因此，对于长接地体，既有因土壤被击穿而使其冲击接地电阻具有降低的趋势，又有因电感作用使接地体不能充分利用而使其增大的趋势。因此，长接地体的冲击接地电阻有时比工频接地电阻还大。

第六节 高压架空线路杆塔的接地

43. 高压架空线路杆塔接地装置的设计哪些要求？

答：架空线路的杆塔接地装置主要是为了导泄雷电流入地，以保持线路有一定的耐雷水平。其设计应符合以下要求：

（1）装有地线的架空线路杆塔的工频接地电阻，不宜超过表6的规定；除沥青地面的居民区外，其他居民区内，不接地、谐振接地、谐振-低电阻接地和高电阻接地系统中无地线架空线路的金属杆塔和钢筋混凝土杆塔应接地。

（2）6kV及以上无地线线路钢筋混凝土杆宜接地，金属杆塔应接地，接地电阻不宜超过30Ω。

（3）除多雷区外，沥青路面上的架空线路的钢筋混凝土杆塔和金属杆塔，以及有运行经验的地区，可不另设人工接地装置。

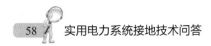

表6 有地线的线路杆塔的工频接地电阻

土壤电阻率 ρ（Ω·m）	ρ≤100	100<ρ≤500	500<ρ≤1000	1000<ρ≤2000	ρ>2000
接地电阻（Ω）	10	15	20	25	30

注 土壤电阻率超过2000Ω·m，接地电阻很难降低到30Ω时，可采用6～8根总长不超过500m的放射形接地体，或采用连续伸长接地体，接地电阻不受限制。

（4）110kV及以上钢筋混凝土杆铁横担和钢筋混凝土横担线路的地线支架、导线横担与绝缘子固定部分或瓷横担固定部分之间，宜有可靠的电气连接，并应与接地引下线相连。主杆非预应力钢筋上下已用绑扎或焊接连成电气通路时，可兼作接地引下线。利用钢筋兼作接地引下线的钢筋混凝土电杆时，其钢筋与接地螺母、铁横担间应有可靠的电气连接。

（5）如接地装置由很多水平接地体或垂直接地体组成，为减少相邻接地体的屏蔽作用，垂直接地体的间距不应小于其长度的2倍；水平接地体的间距可根据具体情况确定，但不宜小于5m。

44. 高压架空线路杆塔接地装置有哪些形式？

答： 高压架空线路杆塔的接地装置可采用下列形式：

（1）在土壤电阻率 ρ≤100Ω·m 的潮湿地区，可利用铁塔和钢筋混凝土杆自然接地。变电站的进线段，应另设雷电保护接地装置。在居民区，当自然接地电阻符合要求时，可不设人工接地装置。

（2）在土壤电阻率 100Ω·m<ρ≤300Ω·m 的地区，除应利用铁塔和钢筋混凝土杆的自然接地外，还应增设人工接地装置，接地极埋设深度不宜小于0.6m。

（3）在土壤电阻率 300Ω·m<ρ≤2000Ω·m 的地区，可采用水平敷设的接地装置，接地极埋设深度不宜小于0.5m。

（4）在土壤电阻率 ρ>2000Ω·m 的地区，接地电阻很难降到30Ω以下时，可采用6～8根总长度不超过500m的放射形接地极或采用连续伸长接地极，放射形接地极可采用长短结合的方式。接地极埋设深度不宜小于 0.3m。接地电阻可不受限制。

（5）居民区和水田中的接地装置，宜围绕杆塔基础敷设成闭合环形。对工作于有效接地系统的城镇居民区的杆塔，如有接地时短路电流过大的情况，应校验杆塔周围人员有无危险电击的可能，并采取相应的措施。

（6）放射形接地极每根的最大长度应符合表 7 的规定。

表 7　　　　放射形接地极每根的最大长度

土壤电阻率 ρ（$\Omega \cdot$ m）	$\rho \leqslant 500$	$500 < \rho \leqslant 1000$	$1000 < \rho \leqslant 2000$	$2000 < \rho \leqslant 5000$
最大长度（m）	40	60	80	100

（7）在高土壤电阻率地区应采用放射形接地装置，且在杆塔基础的放射形接地极每根长度的 1.5 倍范围内有土壤电阻率较低的地带时，可部分采用引外接地或其他措施。

45. 高压架空线路杆塔接地装置的工频接地电阻如何计算？

答：高压架空线路杆塔接地装置的工频接地电阻可按式（38）计算

$$R = \frac{\rho}{2\pi L}\left(\ln \frac{L^2}{hd} + A_t \right) \qquad （38）$$

式中　L——水平接地极的总长度（m），其取值参见表 8；

　　　A_t——水平接地极的形状系数，其取值参见表 8。

表 8　　　　　A_t 和 L 的取值

接地装置种类	形状	参数
铁塔接地装置		$A_t = 1.76$ $L = 4(l_1 + l_2)$

续表

接地装置种类	形状	参数
钢筋混凝土放射型接地装置		$A_{\text{t}}=2.0$ $L=4l_1+l_2$
钢筋混凝土环型接地装置		$A_{\text{t}}=1.0$ $L=8l_2$（当 $l_1=0$ 时） $L=4l_1$（当 $l_1 \neq 0$ 时）

第七节　接地材料的选择

46. 接地材料应选钢材还是铜材？

答：选择接地装置材料的出发点是接地网在变电站的设计使用年限内要做到免维护。其尺寸既要综合考虑接地故障电流热稳定的要求，也要考虑变电站在设计使用年限内导体的腐蚀总量。材料的选择需由综合的技术经济分析确定。

接地材料一般采用镀锌钢，镀锌钢的镀锌层必须采用热镀锌的方法，且镀层要有足够的厚度，以满足接地装置设计使用年限的要求。已有的研究表明，土壤电阻率、类别、含盐量、酸碱度和含水量等因素会导致钢材质的腐蚀，确定变电站站址土壤的腐蚀率是确定接地引下线、接地极截面尺寸的基础。

接地网采用铜材和铜覆钢材料一般较贵，但与钢材相比，其耐腐蚀性能好，因此在腐蚀较重地区的 220kV 及以上枢纽变电站、110kV 及以上城市变电站、紧凑型变电站，以及腐蚀严重地区的

110kV 发电厂和变电站，通过技术经济比较后，接地网可采用铜材、铜覆钢材。

47．选择镀锌钢时为何必须选用热镀锌钢？

答：镀锌钢是经过镀锌加工的碳素钢，能够有效防止钢材腐蚀生锈从而延长钢材使用寿命，按照工艺不同分为电镀锌和热浸镀锌。

（1）电镀锌又称冷镀锌，即利用电解原理在钢材表面镀上一薄层锌，锌层与钢管基体独立分层。由于锌层较薄，且锌层简单附着在钢材基体上，所以其延展性弱，容易脱落，耐腐蚀性能差。

（2）热镀锌是先将钢管进行酸洗，为了去除钢材表面的氧化铁，酸洗后，通过氯化铵或氯化锌水溶液或氯化铵和氯化锌混合水溶液槽中进行清洗，然后送入热浸镀槽中。热镀锌钢基体与熔融的镀液发生复杂的物理、化学反应，形成耐腐蚀的、结构紧密的锌-铁合金层。合金层与纯锌层、钢基体融为一体，故其具有镀层均匀、附着力强、延展性好、耐腐蚀能力强、使用寿命长等优点。

使用接地装置材料时，不可避免地会有弯折、扭曲、拽拉，为确保在施工过程中锌层不发生开裂、翘皮和脱落，要求镀锌钢具有较好的延展性和附着力；由于接地极埋入地下会受到不同程度的腐蚀，要满足设计年限免维护，则必须具有较好的耐腐蚀性，且镀层要有一定的厚度，保证满足热稳定要求。从镀锌钢的工艺可以看出，与冷镀锌钢相比，只有热镀锌钢的镀层均匀，其延展性好、耐腐蚀能力强的特点可满足接地装置材料的要求。

48．如何选择铜覆钢？

答：作为芯体的钢表面被铜覆称为铜覆钢，根据工艺的不同分为铜包钢、铸铜钢、镀铜钢。

（1）铜包钢的工艺为冷拉。即将处理干净的钢材插入紫铜管内，利用直拉机拉丝模的束紧力将铜管束紧在钢棒的外表面的加工工艺。

冷拉铜覆钢存在着不可克服的先天性缺陷，其铜层是靠外力约束在钢芯，无法形成原子连接，铜层与钢芯之间必然存在着间隙，在地下环境中很容易形成原电池，加速内部钢芯腐蚀。

（2）铸铜钢（铜铸钢）的工艺为连铸。即将处理干净并加热到一定温度的钢材快速通过加热融化的电解铜液，铜液在钢丝表面结晶的加工工艺。

铸铜钢的铜层是由钢芯快速通过加热融化的电解铜溶液，铜液在钢芯表面结晶形成，铜层很难做到均匀，虽然铜层与内部钢芯之间可以形成原子连接，不留间隙，但由于铜与钢结合力差，必然导致低延展性和低附着力，一旦受到外力作用，很容易导致铜层开裂、翘皮和脱落。某 110kV 变电站采用的连铸铜覆钢产品，仅 40 天便严重锈蚀。

（3）镀铜钢（铜镀钢）的工艺为电镀。即利用电解原理在处理干净的钢材表面上（钢芯外表面前期先镀镍）镀上铜层的加工工艺。

铜与钢结合力差，但两者均可很好地与镍结合，镀铜钢通过镍层将铜和钢连接起来，即在钢芯上镀一层镍再镀铜，实现可靠的原子连接，确保高质量的延展性和附着力。

为保证镀层厚度均匀性，可采用四维电镀法。该工艺中钢芯本身自转，同时以一定的速度向前运动，以确保钢芯表面铜层厚度均匀。而传统的堆镀法钢芯本体不旋转，也不向前运动，因此铜层上薄下厚，厚度很难达到均匀。但四维电镀法让导体自身产生水平和垂直上的运动，避免了厚度不均匀的问题。

使用接地装置的材料时，不可避免地会有弯折、扭曲、拽拉，为确保施工过程中铜层不发生开裂、翘皮和脱落，要求铜覆钢具有较好的延展性和附着力；由于接地极埋入地下，还会受到不同程度的腐蚀，要满足设计年限免维护，则必须具有较好的耐腐蚀性，且镀层要有一定的厚度，保证满足热稳定要求。从铜覆钢的工艺可以看出，与铜包钢、铜铸钢相比，只有采用四维电镀法的镀铜钢满足接地装置材料镀层厚度均匀，具有产品延展性好、耐腐蚀能力强的特点。

49.怎样确定接地材料的截面积？

答：接地装置材质的截面积应通过热稳定校验确定，还应计及设计使用年限内土壤的腐蚀截面积，并应满足机械强度的要求。

（1）热稳定校验。接地引下线的最小截面积应符合式（39）的要求，接地极的截面积不宜小于连接至该接地装置的接地引下线截面积的75%（流入接地极的电流最大为接地引下线电流的50%，此处取75%，留25%的裕度），即

$$S_{\text{jm}} = \frac{I_{\text{max}}}{C} \sqrt{t_{\text{cx}}} \qquad (39)$$

式中　S_{jm} ——接地导体（线）的最小截面积（mm^2）；

I_{max} ——流过接地导体（线）的最大接地故障不对称电流有效值（A），按工程设计水平年系统最大运行方式确定；

t_{cx} ——接地故障的等效持续时间（s）；

C ——接地导体（线）材料的热稳定系数，根据材料的种类、性能及最大允许温度和接地故障前接地导体（线）的初始温度确定。

1）接地故障等效持续时间的确定。变电站的继电保护装置配置有两套（220kV及以上电压等级的变压器、母线、线路保护）速动主保护、近接地后备保护、断路器失灵保护和自动重合闸时，t_{cx} 应按式（40）取值

$$t_{\text{cx}} \geqslant t_{\text{z}} + t_{\text{sl}} + t_{\text{dk}} \qquad (40)$$

式中　t_{cx} ——主保护动作时间（s）；

t_{sl} ——断路器失灵保护动作时间（s）；

t_{dk} ——断路器开断时间（s）。

配有一套（110kV 及以上电压等级的变压器、母线、线路保护）速动主保护、近或远（或远近结合的）后备保护和自动重合闸，有或无断路器失灵保护时，t_{cx} 应按式（41）取值

$$t_{cx} \geqslant t_{hb} + t_{dk} \qquad (41)$$

式中 t_{hb} ——第一级后备保护的动作时间（s）；

t_{dk} ——断路器开断时间（s）。

2）接地引下线材料热稳定系数的确定。对钢材的最大允许温度取 400℃时，其热稳定系数 C 值为 70；铜和铜覆钢材采用放热焊接方式时，其热稳定系数 C 值见表 9。

表 9　　　　铜和铜镀钢材接地引下线热稳定系数 C 值

最大允许温度（℃）	铜	导电率40%铜镀钢绞线	导电率30%铜镀钢绞线	导电率20%铜镀钢棒
700	249	167	144	119
800	259	173	150	124
900	268	179	155	128

（2）腐蚀计算。接地材料的截面积宜按实际腐蚀情况（见表 10）校核并留有相当的裕度，以确保设计使用年限内满足热稳定要求，不发生熔断。

表 10　　　　接地材料平均最大腐蚀速率（总厚度）

土壤电阻率（Ω·m）	扁钢腐蚀速率（mm/a）	圆钢腐蚀速率（mm/a）	热镀锌扁钢腐蚀速率（mm/a）
50～300	0.2～0.1	0.3～0.2	0.065
>300	0.1～0.07	0.2～0.07	0.065

（3）机械强度的要求。接地网采用钢材时，按机械强度要求的钢接地材料的最小尺寸，应符合表 11 的要求。接地网采用铜或铜覆

钢材时,按机械强度要求的铜或铜覆钢材料的最小尺寸,应符合表12的要求。

表11 　　　　　　　　钢接地材料的最小尺寸

种类	规格及单位	引下线	接地极
圆钢	直径（mm）	8	10
扁钢	截面积（mm²）	48	48
	厚度（mm）	4	4
角钢	厚度（mm）	2.5	4
钢管	管壁厚（mm）	2.5	3.5

表12 　　　　　　　铜或铜覆钢接地材料的最小尺寸

种类	规格及单位	引下线	接地极
铜棒	直径（mm）	8	水平接地极 8
			垂直接地极 15
扁铜	截面积（mm²）	50	50
	厚度（mm）	2	2
铜绞线	截面积（mm）	50	50
铜覆圆钢	直径（mm）	8	10
铜覆钢绞线	直径（mm）	8	10
铜覆扁钢	截面积（mm）	48	48
	厚度（mm）	4	4

注　1. 铜绞线单股直径不小于 1.7mm。

　　2. 各类铜覆钢材的尺寸为钢材的尺寸,铜层厚度不应小于 0.25mm。

第四章

接地装置的安装、验收与维护

第一节　接地装置的安装

50．接地装置的安装有哪些基本要求？

答：在电力系统的运行过程中，发生过许多由于接地装置（尤其是接地线）不可靠而造成的事故。其原因主要有：在系统出现接地故障时，由于接地线接触不良致使接头处过热熔断；当利用地下管道作接地装置时，由于法兰间没有采取可靠的跨线连接，且在修理管道时将法兰打开造成接地线断线等。因此，为能使接地装置可靠而良好地运行、保证人身安全，对接地装置的安装和施工提出以下基本要求：

（1）接地电气回路要连续、完整、可靠连接。

1）电气设备至接地体之间，或电气设备至变压器中性点之间，或自然接地体与人工接地体之间，必须保证可靠的连接，不得有脱节现象，以保证接地装置具有良好的导电连续性。接地极的连接应采用焊接，接地线与接地极的连接也应采用焊接；异种金属接地极之间连接时接头处应采取防止电化学腐蚀的措施；电气设备上的接地线应采用热镀锌螺栓连接；有色金属接地线不能采用焊接时可用螺栓连接，螺栓连接处的接触面应符合 GB 50149《电气装置安装工程　母线装置施工及验收规范》的规定。

2）利用建筑物的钢结构作接地装置时，要求整个回路构成连续的导体，且所有的连接点都要有可靠的接触。因此，除要求在接头处采用焊接外，凡是用螺栓或铆钉连接的地方都需用扁钢作跳跨连接。当利用工业管道作接地装置时，对明敷管道可用螺栓连接，对暗敷管道则应采用束节连接。若采用钢管作接地体时，接地线与钢管的连接要用焊接。

3）接地装置由多个分接地装置部分组成时，应按设计要求设置便于分开的断接卡；自然接地极与人工接地极连接处、进出线构架接地线等应设置断接卡，断接卡应有保护措施。扩建接地网时，新、旧接地网的连接应通过接地井多点连接。

（2）防止接地导体机械损伤。为防止接地导体机械损伤，工程上应将接地线尽量安装在不容易接触到的地方，为了便于检查必须敷设在明显处，在穿墙时应敷设在明孔、管道或其他坚固的保护管中，且使保护管伸出墙壁至少10mm。施工时，先把接地线穿过保护管并在管内或洞中填以黄沙，然后在两端用沥青棉丝封口。如果是穿过楼板，也要装设钢管保护，钢管要高出楼板30mm或在楼板下面伸出10mm，安装方法与穿墙时相同。

（3）接地支线不得串联。为了提高接地的可靠性，电气设备的接地支线应单独与接地干线或地网相连，不得串联，且接地干线应至少有两根导体在不同地点与自然接地体或人工接地体相连。

（4）保证埋设深度及地下安装距离。确定接地体的埋深（指接地体上端至地面的距离）时，应尽量减少自然因素的影响，当无具体规定时，接地极顶面埋设深度不宜小于0.8m，水平接地极的间距不宜小于5m，垂直接地极的间距不宜小于其长度的2倍。接地体与建筑物及人行道的地下安装距离不应小于1.5m，与独立避雷针等的集中接地体间的距离不得小于3m。

（5）接地网的敷设应满足均压要求。

1）接地网的外缘应闭合，外缘各角应做成圆弧形，圆弧的半径不宜小于临近均压带间距的一半。

2）接地网内应敷设水平均压带，可按等间距或不等间距布置。

3）35kV 及以上发电厂、变电站接地网边缘有人出入的走道处应铺设碎石、沥青路面或在地下装设两条与接地网相连的均压带。

（6）接地装置的施工要求。接地装置的施工应符合下列要求：

1）清除土壤、杂物。回填土内不应夹有石块和建筑垃圾等，外取的土壤不应有较强的腐蚀性；在回填土时应分层夯实，室外接地沟回填宜有 100～300mm 厚的防沉层；在山区石质地段或电阻率较高的土质区段的土沟中敷设接地极，回填不应少于 100mm 厚的净土垫层，并应用净土分层夯实回填。

2）遇到障碍进行移位时，应保持原设计形状。

3）扁钢敷设前应矫正，在直线段上不应有明显的弯曲，且应立放布置。放射形接地体，应尽量使其减少弯曲。

4）接地线应设有为测量接地电阻而预留的断开点，此点可采用螺栓连接。严禁利用金属软管、管道保温层的金属外皮或金属网、低压照明网络的导线铅皮以及电缆金属护层作为接地线。

5）人工接地体不应埋在炉渣、垃圾和有腐蚀性的土壤中，接地线不应敷设于白灰焦渣层内，否则应用水泥砂浆全面保护。

6）明敷的接地线，其装设位置要明显，且不能妨碍其他设备的安装与检修。在接地线跨越建筑物伸缩缝、沉降缝处时，应设置补偿器，补偿器可用接地线本身弯成弧状代替。在接地线的全长度或区间段及每个连接部位附近的表面，应涂以 15～100mm 宽度相等的绿色和黄色相间的条纹标识，当使用胶带时，应使用双色胶带，中性线宜涂淡蓝色标识。在接地线引向建筑物的入口处和在检修用临时接地点处，均应刷白色底漆并标以黑色标识，其代号为"⏚"。同一接地极不应出现两种不同的标识。

（7）隐蔽工程应做检查及验收并形成记录。接地装置的安装应配合建筑工程的施工，隐蔽工程在安装完毕后，必须先进行检查，做好中间检查及验收记录后再进行覆盖回填土、浇灌混凝土等作业，以免土建工作完成后无法检查。

51. 电气装置的哪些金属部分必须接地？

答：电气装置的下列金属部分必须接地：

（1）电气设备的金属底座、框架及外壳和传动装置。

（2）携带式或移动式用电器具的金属底座和外壳。

（3）箱式变电站的金属箱体。

（4）互感器的二次绕组。

（5）配电、控制、保护用的屏（柜、箱）及操作台的金属框架和底座。

（6）电力电缆的金属护层、接头盒、终端头和金属保护管及二次电缆的屏蔽层。

（7）变电站构架、支架，电缆桥架、支架和井架。

（8）装有架空地线或电气设备的电力线路杆塔。

（9）配电装置的金属遮栏。

52. 交流电气设备可利用的自然接地体有哪些？

答：各种接地装置应利用直接埋入地中或水中的自然接地体，交流电气设备可利用下列自然接地极：

（1）埋设在地下的金属管道，但不包括输送可燃或有爆炸物质的管道。

（2）金属井管。

（3）与大地有可靠连接的建筑物的金属结构。

（4）水工构筑物及其他坐落于水或潮湿土壤环境的构筑物的金属管、桩、基础层钢筋网。

53. 变电站 GIS 的接地有哪些要求？

答：变电站 GIS 的接地应符合设计及制造厂的要求，并应符合下列规定：

（1）GIS 基座上的每一根接地母线，应采用分设其两端且不少于 4 根的接地线与变电站的接地装置连接。接地线应与 GIS 区域环形接地母线连接。接地母线较长时，其中部应另设接地线，并连接至接地网。

（2）接地线与 GIS 接地母线应采用螺栓连接方式。

（3）当 GIS 露天布置或装设在室内与土壤直接接触的地面上时，其接地开关、金属氧化物避雷器的专用接地端子与 GIS 接地母线的连接处，宜装设集中接地装置。

（4）GIS 室内应敷设环形接地母线，室内各种设备需接地的部位应以最短路径与环形接地母线连接。GIS 置于室内楼板上时，其基座下的钢筋混凝土地板中的钢筋应焊接成网，并和环形接地母线连接。

（5）法兰片间应采用跨接线连接，并保证良好的电气通路；当制造厂采用带有金属接地连接的盆式绝缘子与法兰结合面可保证电气导通时，法兰片间可不另做跨接连接。

第二节　接地装置的验收

54. 电气装置安装工程接地装置验收有哪些要求？

答：新安装的接地装置，为了确定其是否合乎设计和相关规程的要求，在完工以后必须经过检验才能正式投入运行，验收应符合下列要求：

（1）接地施工质量合格，均已按设计要求完成施工。

（2）整个接地网的外露部分连接可靠，接地线规格正确，防腐层完好，标识齐全明显。

（3）避雷针、避雷线、避雷带及避雷网的安装位置及高度符合设计要求。

（4）接地装置特性参数测试结果符合设计规定，满足运行要求。

55. 电气装置安装工程接地装置交接验收时，应提交哪些资料？

答：电气装置安装工程接地装置交接验收时，施工单位应提交下列资料和文件：

（1）符合实际施工的图纸及设计变更的证明文件。

（2）接地器材、降阻材料质量合格证明。

（3）安装技术记录，其内容应包括隐蔽工程施工、检查记录。

（4）接地装置特性参数试验报告，其内容包括接地电阻测试、接地导通测试等。

第三节　接地装置的维护

56. 接地装置的维护主要包括哪些工作？

答：对接地装置进行良好的维护，是保证其安全可靠运行的基础。一般来说，接地装置的维护工作包括定期检查、故障检修、接地装置测试等内容。除此之外，为加强管理，还需建立有关接地装置的技术资料档案，如接地系统和接地装置隐蔽工程竣工图纸、验收及运行中历次进行的接地电阻测试记录、接地装置变更及检修工作记录等。

57. 接地装置运行中的巡视检查有哪些内容？

答：接地装置运行中的巡视检查主要有以下内容：

（1）检查接地系统的连接是否完好，有无松动、断股、锈蚀及固定螺栓松动现象。

（2）检查接地线有无硬伤、碰断及腐蚀现象。挖开引下线周围地面，检查地面以下 0.5m 深处的地线腐蚀程度。

（3）检查接地线明敷部分表面涂漆有无脱落现象。

（4）检查接地线的截面是否满足要求。

（5）检查接地体是否露出地面。

（6）检查人工接地体周围是否堆放有强烈腐蚀性物质。埋设在强烈腐蚀性土壤中的接地装置，每隔5年左右应挖开局部地面，对接地体的腐性程度进行观察记录。

（7）接地装置的测试应在每年雨季前土壤最干燥的时候与检查接地装置的工作同时开展，而且应在停电的条件下进行，按照第五章第二节、第三节的方法进行测试。

58. 接地装置的防腐措施有哪些？

答：常见的接地装置的防腐措施有以下几种：

（1）接地装置的选址和施工

1）远离腐蚀地。接地装置的铺设地点要远离强腐蚀性和重污染的场所，且要尽量避开透气性较强的风化石和沙石地带，因为这些场所不但降阻困难，而且因为氧的渗透性强，容易造成接地体腐蚀。如果避不开，应想办法改良接地体四周的土壤，如换土或施加降阻防腐剂。

2）选择合适的接地材料。接地体大多选用钢材，水平接地体一般选用圆钢或扁钢，垂直接地体一般选用钢管或角钢，在选择截面积时不但要考虑热稳定的要求，还要考虑在整个寿命周期内经过腐蚀后仍能满足要求。接地网采用铜材和铜覆钢材料一般较贵，但与钢材相比，其耐腐蚀性能好，因此在腐蚀较重地区的220kV及以上枢纽变电站、110kV及以上城市变电站、紧凑型变电站，以及腐蚀严重地区的110kV发电厂和变电站，通过技术经济比较后，接地网可采用铜材、铜覆钢材。

3）确保足够的埋设深度。接地体埋设足够的深度不但可使接地电阻得到改善，而且下层土壤比上层土壤的含氧量小，可减小腐蚀速度。另外，回填严禁使用碎石或建筑垃圾，一定要用细土并夯实，这样不仅可以减少氧气的渗透而减缓接地体的腐蚀，同时也可增加接地体与周围土壤的接触从而降低接触电阻。

（2）选用缓蚀剂。缓蚀剂是加入腐蚀介质中可减缓或阻止金属腐蚀的物质，也称腐蚀抑制剂。缓蚀剂的保护效果与金属材料的种类、性质及腐蚀介质的性质、流动情况等有密切关系。缓蚀剂主要是加在降阻剂中使用；不能直接加在接地体所处的土壤中，因为会随水土流失而流失。

缓蚀剂保护有强烈的选择性。例如，对钢铁有缓蚀作用的亚硝酸钠或碳酸环己胺，对铜合金不但无效，反而会加速其腐蚀。目前还没有对各种金属都普遍适用的通用缓蚀剂。

（3）电化学保护。电化学腐蚀是最普遍、最常见的腐蚀。金属在大气、海水、土壤和各种电解质溶液中的腐蚀都属于此类。电化学作用既可单独引起金属腐蚀，又可与机械作用、生物作用共同导致金属腐蚀。当金属同时受拉伸应力和电化学共同作用时，可引起应力腐蚀断裂；金属在交变应力和电化学共同作用下，可产生腐蚀疲劳；若金属同时受机械磨损和化学作用，则可引起磨损腐蚀。微生物的新陈代谢可为电化学腐蚀创造条件，参与或促进金属的电化学腐蚀。

阴极保护是通过降低腐蚀电位，使被保护体腐蚀速度显著减小而实现电化学保护的一种方法。目前在变电站中应用较少，无相关法规可循，也没有成熟的计算方法，还需进行一定的研究、测试、落实设备，积累经验，方可普遍采用。

59. 哪些情况下应对接地装置进行检修？

答：在对接地装置的检查过程中，若发现下列情况之一者，应对接地装置进行检修：

（1）接地电阻超过允许值或在测试条件相同情况下，接地电阻值与往年数值相比变化较大时。

（2）接地体被雨水冲刷或动土挖掘露出地面。

（3）接地线连接处接触不良或焊接处开焊脱落。

（4）接地线有机械损伤、断股或化学腐蚀者。

（5）接地线与电气设备接地端，接地网连接螺栓松动或接触不良。

60. 接地装置的降阻方法有哪些？如何选择？

答：从接地电阻简易计算公式可以看出，接地电阻与土壤电阻率和接地网面积有着紧密联系，从原理考虑，降阻方法可以归纳为两大类，一是降低土壤电阻率（改变局部土壤电阻率、利用大地深层低电阻率土壤）；二是扩大接地网面积，具体方法如下：

（1）降低土壤电阻率。

1）改变局部土壤电阻率，包括降阻剂、局部换土。

2）增大接地装置深度，利用大地深层低电阻率土壤，包括增加接地网的埋设深度、深井接地、深水井接地、爆破接地和深斜井接地。增大接地装置深度的降阻方法与深层土壤的地质条件关系密切，施工前应先进行地质勘测分析。

（2）扩大接地装置水平面积。

1）扩大接地网面积。

2）引外接地。

3）利用自然接地极。

接地降阻方法的选用应根据实际环境、土壤和地质条件因地制宜。若条件允许，应首选扩大接地装置面积的方法；为获得最佳降阻效果，必要时，可采用组合的降阻方法。降阻方法的组合使用，应尽量避免不同材料间的电偶腐蚀，不应影响其他用电设备和建筑基础的安全性。

第五章

接地装置特性参数的测量

第一节 测量的基本要求

61. 接地装置特性参数测量的基本要求有哪些？

答：接地装置特性参数的测试有以下基本要求：

（1）测试内容。大型接地装置的特性参数测试应包含电气完整性测试、接地阻抗测试（含分流测试）、场区地表电位梯度分布测试、接触电位差和跨步电位差的测试，其他接地装置的特性参数测试应尽量包含以上内容。

（2）测试时间。接地装置的特性参数大都与土壤的潮湿程度密切相关，因此接地装置的状况评估和验收测试应尽量在干燥季节和土壤未冻结时进行，不应在雷、雨、雪中或雨、雪后立即进行。

（3）测试周期。大型接地装置的交接试验应进行各项特性参数的测试，电气完整性测试宜每年进行一次；接地阻抗（含分流测试）、场区地表电位梯度分布、跨步电位差、接触电位差等参数，正常情况下宜5～6年测试一次；遇有接地装置改造或其他必要时，应进行针对性测试。对于土壤腐蚀性较强的区域，应缩短测试周期。

输电线路杆塔接地装置每5年测试一次，也可根据运行情况调整时间；每次雷击故障后的杆塔应开展测试，并补测与其相邻的2基杆塔；大跨越段杆塔接地电阻测量，适当缩短检测周期。

（4）测试结果的评估。进行接地装置的状况评估和工程验收时不应片面强调某一项指标，在接地装置的热容量满足要求的情况下，应根据特性参数测试的各项结果，并结合当地情况和以往的运行经验综合判断。

对于运行中的变电站，接地网状态评估主要是通过现场试验得到接地网特性参数的准确数据，对比评估标准，得出接地网各项指标参数对应的状态，再对接地网实施安全评价，提出存在的安全隐患，有针对性地提出合理的整改意见，确保接地网始终保持良好的运行状态。

第二节　直流特性参数的测量

62. 如何测量接地装置的电气完整性？

答： 接地装置导通性测试的目的在于确定设备接地引下线与主地网的连接可靠，并排除断连、半连等情况，保证故障时能经接地引下线通过接地网迅速泄流，保障设备安全。使用交流电测试接地网导通性时，接地极的电抗值会与附近大地所感应的稍小于接地极的电抗形成并联，倘若施加交流电流进行持续试验，所得结果将不确定。因此，进行接地网导通性测试的最佳方法是通入大直流电流（$\geqslant 5A$），并测量该电流所引起的电压降，二者之比即为导通电阻值。

测试前，应先选择接地引下线与主接地网具有有效联结处作为参考点（通常选取主变压器接地连接处），采用接地网导通测试仪试验邻近电气设备接地引下线与参考点之间的直流电阻，倘若开始就有很多设备试验数据较大，则应考虑更换参考点。试验时应注意减小接触电阻，若试验数据大于 $50m\Omega$，须反复进行测量验证，试验接线如图 20 所示。

当测试结果大于 $50m\Omega$，应作如下处理：

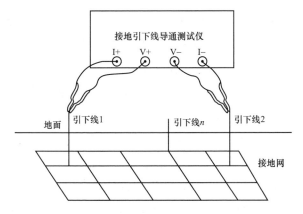

图 20　接地网完整性测试接线示意图

1）测量值为 50～200mΩ 的，表明接地设备与主接地网的导通性尚可（对于测试结果明显高于其他设备，但绝对值又不是很大的，也依本条处理），宜在以后的例行测试中进行重点关注，对于重要的运行设备宜在适当时检查处理。

2）试验值为 200mΩ～1Ω 的，表明接地设备与接地网导通状况不佳，对于重要的运行设备须尽快安排处置。

3）直流电阻值大于 1Ω 的，表明该运行设备和主地网的连接已经断开，须立即进行检查处理。

4）独立避雷针的测试值应在 500mΩ 以上，否则视为没有独立。

第三节　工频特性参数的测量

63. 如何准确测量接地装置的接地阻抗？

答：接地阻抗测量结果的准确性与注入电流的选择、测试回路的布置及测试方法的选取等因素有关。

（1）注入电流的选择。接地电阻的测量电流有异频电流和工频电流。采用工频信号对接地网的接地电阻进行准确测量，一直是个难题。抛去很强的人工劳动外，最繁杂的是无法去除大地中杂散电流对测试值的电磁干扰。因此，采用工频电流测量时，为得到较为准确的数据，应使用独立的电源或经过隔离变压器后提供的电源，且应尽最大可能提高试验电流以减小干扰，试验时所使用的电流宜超过50A。例如，某500kV变电站的接地网接地阻抗试验时，甲设计院使用的工频电流超过70A；乙设计院采用的工频电流甚至达190A，在这种情形下，试验装置通常十分庞大且相当笨重。

针对上述不足，国内外不断进行各种探索和研究，效果显著的是异频电流法。异频电流法测量系统的特点是被测电流信号小，只需几安甚至更小即可满足要求。排除气候等不可控外因导致的影响，试验数据具备很好的可重复性，所以有很高的可信度。

可见，采取工频电流法测试变电站的接地网接地阻抗时，不但使用的设备笨重使得劳动强度增大，而且很难排除杂散的干扰电流；而采用异频电流法测量时，注入较小的异频电流，可从根本上排除干扰，且所用的设备轻便，可降低劳动强度。因此，推荐采用异频注入电流。

（2）测试回路的布置。测试回路包括测量仪表、测试线及测试辅助极。测量仪表选用异频接地阻抗测试仪，测试线与测试辅助极的布置如下：

1）电流极应布置得尽量远。为确保试验数据的准确性，测试电流极应该放置得尽可能远，以减少测试电流极感应出的地面电位变化曲线，从而使接地极间的电位曲线趋于平稳。

2）尽量减小电流极的接触电阻值，确保试验仪器可以输出符合要求的测试电流，当电流极的接触电阻偏高时，可多个电流极并联或在电流极周围倒水以实现降阻。

3）避免测试线沿途干扰。测量回路应该尽可能远离运行中的架空线路与金属管道，避开附近水域。

4）电位极（电压极）的布置。电压极的目的是获取大地的零电位参考点，从而掌握试验电流在被试接地装置接地阻抗上的电压降。从 C、P、E 方向的电位曲线图（见图 21）可知，若电压极离接地网过近，则得到的实际电压较小，测出的接地阻抗值就偏小，若电压极离比零电位点过远，则电压极上的电压较大，测出的接地电阻便相应偏大。

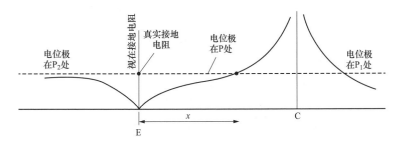

图 21　各种间距 x 时的视在接地电阻

综上，进行接地阻抗测试时，应选用变频接地阻抗测试仪，而测试电流极布置得足够远、电压极位置选择恰当、测试线沿途避开干扰源是准确测量接地阻抗的关键。

（3）测试回路的调试。

1）测试线绝缘状况测试。布线结束后，首先应进行绝缘电阻测试（见图 22），将测试导线靠接地极的一端悬空，然后用绝缘电阻表测试测试线导体与地网之间的绝缘电阻，其结果应大于 10kΩ；如小于 10kΩ，应检查线路沿途是否有破损和接地。

2）干扰测试。将测试线远端连到接地桩上，然后用工频电压表测试测试线和被测地网之间的干扰电压（见图 23）。当干扰较强时，应设法降低干扰影响，如加大测试电流、提高信噪比，或更换抗干扰能力更强的测试仪器。

3）回路阻抗测试。按图 24 分别测量电流回路和电压回路的阻

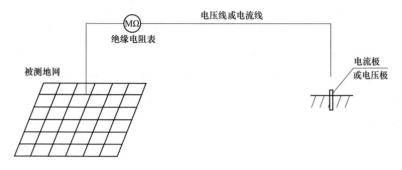

图 22   测试线绝缘电阻测量

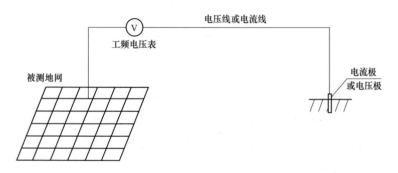

图 23   干扰电压测量

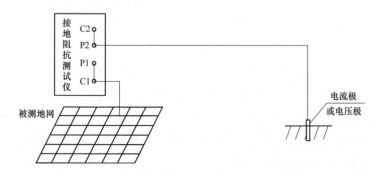

图 24   回路阻抗测试

抗。应使电流回路阻抗尽可能小（一般在 50Ω 以下），确保电流回路能有相当大的测试电流。电压回路阻抗通常小于 2kΩ，以保证无断线且电位极良好插入土壤中。如超出正常范围值，应查找试验回路的断点。

（4）测试方法的选取。假设：被测电极为半球体；电位极和电流极均是点电极；土壤电阻率理想均匀。

1）直线法。电流线和电压线放置在同方向的测试方法即直线法，测试示意见图 25。

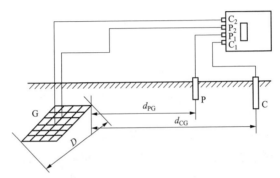

图 25　接地阻抗测试仪接线图

G—被试接地装置；C—电流极；P—电位极；D—被试接地装置最大对角线长度；d_{CG}—电流极与被试接地装置边缘的距离；d_{PG}—电位极与被试接地装置边缘的距离

利用直线法时，想要得到真实值，必须使式（42）成立，即

$$-\frac{1}{d_{PG}}+\frac{1}{d_{CG}-d_{PG}}-\frac{1}{d_{CG}-D/2}=0 \tag{42}$$

当电流极布线长度远大于 $D/2$ 时，可以求得电压极的布线长度为 0.618 倍的电流极布线长度，即将电位极置于 $0.618d_{CG}$ 处则可测得真值。当 d_{CG} 与 $D/2$ 数值相当时，补偿点应根据式（43）确定

$$\frac{d_{PG}}{d_{CG}}=\frac{-\left(1-\dfrac{D}{d_{CG}}\right)\pm\sqrt{\left(1-\dfrac{D}{d_{CG}}\right)^2-4\left(\dfrac{D}{2d_{CG}}-1\right)}}{2} \tag{43}$$

根据式（43）可求得表 13 中数据，但是，接地极的相对尺寸比较大而电流极的布线长度却非常有限时，电压极的最佳补偿点便不再是 0.618 倍的电流极。

表 13 不同 d_{CG}/D 值对应的 d_{PG}/d_{CG} 值

d_{CG}/D	0.8	1	2	3	4
d_{PG}/d_{CG}	0.75	0.707	0.651	0.638	0.633

现场试验时，很难全部依据表 13 所列补偿范围内的位置进行布线，应采用式（44）对测试结果进行修正，即

$$Z = \frac{Z'}{K_1} = \frac{Z'}{1 - \dfrac{D}{2}\left(\dfrac{1}{d_{PG}} + \dfrac{1}{d_{CG} - \dfrac{D}{2}} - \dfrac{1}{d_{CG} - d_{PG}}\right)} \tag{44}$$

据式（44）可求得表 14 中数据，按照表 14 所列关系布线可得满足 ±10% 精度要求的测试值。如当电流极布置在 $2D$ 位置，电位极的补偿位置为 0.611～0.687 时，测试结果满足精度要求。

表 14 K_1 满足精度要求时，不同 d_{CG} 值对应 d_{PG} 的补偿范围

d_{CG}	0.8D		D		2D		3D		4D	
d_{PG}/d_{CG}	0.74	0.75	0.69	0.72	0.61	0.68	0.57	0.69	0.54	0.7
K_1	0.9	1.1	0.9	1.1	0.9	1.1	0.9	1.1	0.9	1.1

由表 14 不难看出，当 $D = 100\text{m}$，$d_{CG} \leqslant D$ 时，电压极可移动的范围仅 2.9m；当 $D = 100\text{m}$，$d_{CG} \geqslant 2D$ 时，电压极可移动的范围大于 15m。因此，现场条件具备时应尽量延长电流测试线，以保证电压极在较大的活动范围内可获得满足精度要求的测试值。

2）夹角法。直线法测试时，电流测试线和电位测试线相互之间的感抗将对测试数据的准确性造成影响。当现场条件允许时，变

电站接地网的接地阻抗试验应该使用夹角法。假定土壤为均匀的，采用夹角法要得到真实值，需用式（45）对测试结果进行修正

$$Z = \frac{Z'}{K_2} = \cfrac{Z'}{1 - \cfrac{D}{2}\left(\cfrac{1}{d_{PG}} + \cfrac{1}{d_{CG}} - \cfrac{1}{\sqrt{d_{PG}^2 + d_{CG}^2 - 2d_{PG}d_{CG}\cos\theta}}\right)} \quad (45)$$

当 $d_{CG}=d_{PG}$，$d_{CG} \gg D/2$ 时，$\theta =28.960°$。

根据式（45）可求得表 15、表 16 中数据。

表 15 $d_{CG}=d_{PG}$ 时，不同角度对应的 K_2 值

	θ（°）	10	15	20	29	30	45	90	150	180
K_2	$d_{CG}=d_{PG}=2D$	1.93	1.45	1.22	1	0.98	0.82	0.67	0.62	0.62
	$d_{CG}=d_{PG}=3D$	1.62	1.3	1.14	1	0.98	0.88	0.78	0.75	0.75

由表 15 可得：

a. $\theta < 28.960$ 时，$K_2 > 1$ 且随角度的减小而增大，测试结果比真值偏大；

b. $\theta > 28.960$ 时，$K_2 < 1$ 且随角度的增大而减小，测试结果比真值偏小；

c. 随着 d_{CG} 与 d_{PG} 等值增大，θ 相等的情况下，K_2 值趋近于 1，测试结果逼近于真值。

表 16 K_2 满足精度要求时，不同 d_{CG}（$d_{CG}=d_{PG}$）值

对应夹角 θ 的可取范围

$d_{CG}=d_{PG}$	0.8D		D		1.811D		2D		3D	
θ（°）	26.7	31.8	26.2	32.2	24.4	35.5	24	36.4	22.2	41.8
K_2	1.1	0.9	1.1	0.9	1.1	0.9	1.1	0.9	1.1	0.9

由表 16 可得：当 K_2 满足精度要求时，随着 d_{CG}（$d_{CG}=d_{PG}$）的增大，夹角 θ 的可取范围扩大。如当 $d_{CG} = d_{PG} = 2D$ 时，$\theta = 24.030°\sim$

$36.380°$；当 $d_{CG}=d_{PG}=3D$ 时，$\theta=22.150\sim41.760$。因此，现场条件具备时应尽量延长电流测试线，以保证电压极在较大的活动范围内可获得满足精度要求的测试值。

3）反向法。对于地面起伏且地形复杂的山区，为了减小电流极引线对电位极引线的互感作用，偶尔也把电流极布置在与电压极成 180° 的位置。这种方法称为反向法，它的主要缺点是接地阻抗测量值偏低，误差较大。将 $\theta = 180°$ 代入式（45），可得表 17、表 18 的数据。

表 17   反向法测试时不同 d_{CG}（$d_{CG}=d_{PG}$）对应的 K_2 值

$d_{CG}=d_{PG}$	0.8D	1D	1.5D	2D	3D	4D	5D	7.5D
K_2	0.06	0.25	0.5	0.63	0.75	0.81	0.85	0.9

由表 17 可得：当 $d_{CG}=3D$（$d_{CG}=d_{PG}$）时，测量值比真值小 25%，只有当 $d_{CG}>7.5D$（$d_{CG}=d_{PG}$）时，测量值才能满足精度要求。

表 18   反向法测试时不同 d_{CG}（$d_{PG}\neq d_{CG}$）对应的 K_2 值

d_{CG}	0.8D	1D	1.5D	2D	3D	4D	5D	7.5D
d_{PG}/d_{CG}	0.8							
K_2	−0.1	0.153	0.435	0.58	0.718	0.79	0.83	0.89

对比表 17、表 18 可得：反向法测试时，d_{PG}、d_{CG} 不等长布线与 d_{PG}、d_{CG} 等长布线相比，测试值更小，偏离真值更远，且 d_{CG} 越小，差值越明显，当 $d_{CG}>3D$ 时，差值减小。

综上：采用反向法进行接地阻抗测试时，应采用 d_{PG}、d_{CG} 等长布线且应使 $d_{CG}>3D$，测试结果按表 18 进行修正。实际现场测试时，由于反向法所需人员更多，布线与收线耗时更多。

（5）分流测试。对于有架空避雷线和金属屏蔽两端接地的电缆出线的变电站，线路杆塔接地装置和远方地网对试验电流进行了分

流，对接地装置接地阻抗的造成很大影响，因此应进行架空避雷线
和电缆金属屏蔽的分流测试，如图 26 所示。

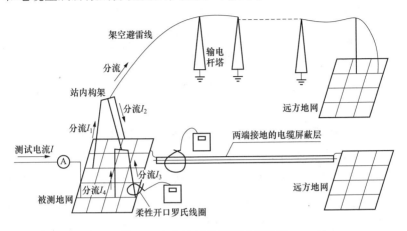

图 26　变电站的分流测试示意图

　　由于变电站内的接地装置、金属构架、避雷线、杆塔接地装置
及远方地网构成一个个复杂的电阻电感网络，所以分流在各构架的
大小及相角都不一样，如果仅仅测量分流大小求代数和，往往会造
成严重误差，甚至出现分流之和大于总测试电流的逻辑错误。考虑
现场实测的方便性和安全性，一般用带分流相量测量功能的柔性罗
氏线圈圈住构架进行分流相量测量，然后计算出总的分流相量和，
以及实际经被测地网散流的电流。

　　影响分流测试准确性的最大因素是金属构架中往往存在较大的
工频干扰电流，很多现场可达数十安，而典型的分流大小为 10mA～
2A，这导致分流测试时信噪比往往很小。以异频电流法为例，用分
流测试设备选频 50Hz 可测试出工频干扰电流大小，选择相应的异
频频率则可测出异频分流大小。注意观察异频和工频电流的比值是
否在仪器能保证测试精度的信噪比范围内，否则应设法加大测试电
流提高信噪比，或选用抗干扰性能更强的仪器。

可从以下方面现场判断分流测量数据的有效性：

1）某一处的分流大小应与仪器输出的测试电流大小成正比，相位不随电流大小变化。

2）测试电流大小不变，在相邻的测试频率下（如47、48Hz），某一处的分流大小及相角应接近。

3）将罗氏线圈正向及反向缠绕构架，观察两次相位是否相差180°

64. 如何测量输电线路杆塔接地装置的接地阻抗？

答： 杆塔接地阻抗测试宜采用三极法，由于运行输电线路通常存在工频干扰，采用三极法时测试电流宜大于100mA，测试方法和原理与变电站接地装置的基本相同，见图27，只是由杆塔接地装置的最大射线的长度取代原接地装置的最大对角线长度。由于杆塔接地测试现场通常没有交流电源，且地网较小，所以采用便携式接地阻抗测试仪。测量应遵守现场安全规定，雷云在杆塔上方活动时应停止测试，并撤离测试现场，还应注意以下事项：

（1）测试杆塔的接地阻抗前，应拆除被测杆塔所有接地引下线，即把杆塔塔身与接地装置的电气连接全部断开，并将各接地引下线短接。

（2）避免把测试用的电位极和电流极布置在接地装置的射线上面，且不宜与接地装置的放射延长线同方向布线。

（3）当发现接地阻抗的实测值与以往的测试结果相比有明显的增大或减小时，应改变电流极和电位极的布置方向，或增大放线的距离，重新进行测试。

（4）采用图示接地阻抗测试仪测试时，应尽量缩短接地极接线端子C2和P2与接地装置之间引线的长度。

（5）测量值应按照季节系数进行换算，见表19，换算后的数值不应大于设计规定值。

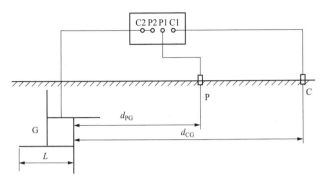

图 27　输电线路杆塔接地装置的接地阻抗测试示意图

G—被试杆塔接地装置；C—电流极；P—电位极；L—杆塔接地装置的最大射线长度；

d_{CG}—电流极与杆塔接地装置的距离；d_{PG}—电位极与杆塔接地装置的距离

表 19　　　　　　　　　　水平接地体的季节系数

接地射线埋深（m）	季节系数
0.6	1.41.8
0.81.0	1.251.45

注　测量时，如土壤较干燥，季节系数取较小值；土壤较潮湿，季节系数取较大值。

65. 土壤电阻率的勘测应注意哪些事项？

答：土壤电阻率的准确测量是变电站接地网设计中最为关键的一环。对于一座变电站的接地工程，首先应该关心的是怎样准确分析土壤电阻率，明白大体的分层结构，或怎样勘测才能获得最详细的土壤视在电阻率数据，然而大多数设计人员最关心的却是采用哪些方式可以将把接地阻抗降低至理想数值。

对于普通变电站的复合接地网，只要电阻率勘测准确，那么，大部分工程师都可以很容易地计算出接地电阻值，采用接地电阻简易计算公式计算值较实际值略偏大，但误差一般在10%以内。倘若土壤电阻率勘测数据不真实，那么将造成严重的设计误差。例如，面积为 $10000m^2$ 的接地网，土壤电阻率实际值为 $600\Omega \cdot m$，误测为

100Ω·m，则会导致将 3Ω 的接地电阻值计算成 0.5Ω。为了准确测试土壤电阻率，测试时应注意以下事项：

（1）电极间距应精确地测量，距离较短时应采用卷尺，中、长距应采用 GPS 定位。

（2）尽量避开地下金属管道或导体延长线降低其对电位测量的影响。长距和中距测试时，应尽量避免与金属管道进行平行放线，不应在杆塔附近布置电极进行测试。

（3）采用大电流或交变直流测试时，电流回路存在安全风险。需要多次移动两个电流极，测试时间也较长，因此在整个试验过程中都要重视两侧电流极的安全问题，应安排专人时刻看守；电流线需要沿途安排人员看守。

（4）电位线对地应有良好的绝缘，应避免在雨中或雨后地未全干时测量，此外，布线时应避免浸泡水中，以避免沿线出现高阻接地点，影响电压信号的测量准确度。

66. 土壤电阻率的勘测常用哪种方法？

答：勘测较大区域的土壤电阻率通常采用四极法。按照测量场合的不同，四极法又可分为非等距法与等距法两种，最常用的为四极等距法，也称温纳法。试验时将四个电极等间距地插入在地中，采用恒压源向两个外侧的电流极施加电流，电流场便会在内侧电压极上形成电势，量取两电压极间的电位差，计算即可得出电阻值，再通过换算得出土壤电阻率。将试验的各电极间距相应的土壤电阻率数据绘制成曲线，可以得出该地区的地土壤分层及各层土壤电阻率的数值。与其他测量土壤电阻率的方法相比，四极法可以弥补测量范围较小、测量误差较大等劣势，故被广泛应用。温纳法测量注意事项：

（1）长距测试通过测量 50m 以上极间距离的视在土壤电阻率，一般在站外选择道路进行。

（2）中距测试通过测量 50m 及以内极间距离的视在土壤电阻率，尽可能在站址附近进行测量，建议在进站道路上布线测试，但要注意进站道路上没有接地网的延长线。

（3）短距测试通过测量 5m 及以内极间距离的视在土壤电阻率，建议在站内测量时，选择预留场地，或高压设备场区外选择空阔的场地进行测试，在围墙外或围墙边测试时，要注意偏离地网边缘。

（4）测量的最大极间长度大于接地网的最大对角线距离；至少也应达到接地网最大对角线的 2/3。

（5）在站内选择不同场地的多个有代表性测试点，且尽量选择不同的布线方向，最好包含相垂直的路径，分别测量若干组基础数据，对测量数据进行综合处理后得到表层土壤电阻率。

（6）应选择尺寸较小的电极，以满足电极间距不小于电极埋设深度 10 倍的要求。

67．怎样测量跨步电位差、接触电位差？

答：接地短路电流经过接地网时，会在大地的表面感应出分布电位，位于地面上到设备水平间距为 1m 位置和设备架构距地面的垂直间距为 2m 的两点之间的电位差便是接触电位差；接地短路电流经过接地网时，位于地面上水平间距为 1m 的两点间的电位差便是跨步电位差。接触电位差和跨步电位差的测量可根据其定义，有针对性地在接地网铺设区域选择测试点进行测量。为了减少工频干扰，跨步电位差与接触电位差的测量宜使用异频接地阻抗测试仪，试验用的异频电流不低于 3A，测试布线如图 28 所示，测试电极可使用铁钎紧紧地插到土壤之中，若场区为水泥硬化的路面时，能够利用半径 10cm 的铁质盘裹住湿抹布来测试。

接触电位差试验电流须经过电气设备架构流入接地网，注入点高过测试点，要重点关注场区周边的运行设备及运维人员频繁挨碰

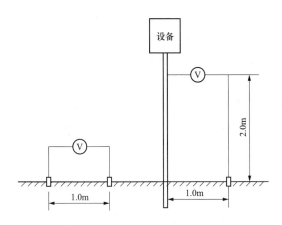

图 28　接触电位差、跨步电位差的试验示意图

的设施（如隔离开关）；跨步电位差试验电流须在接地故障短路电流可能流入接地网的地方施加，重点关注重要通道、场区周边等地方，跨步电位差在数值上等于单位场区地表电位梯度，所以，能在场区地表电位梯度曲线上直观地读出对应值。

　　测试结束后，以电流注入点为圆心，在半径 1.0m 的圆弧上，选取 3～4 个不同方向测试，找出接触电位差和跨步电位差的最大测试值 $U_j'(k)$，然后按照式（62）折算成最大入地电流 I_c 对应的 $U_j(k)$ 值，不同电压等级区域的接地故障短路电流值 I 可能不同，应该按照电压等级划分区域进行分别计算。

$$U_j(k) = U_j'(k) \times \left(\frac{I}{I_c} \right) \tag{46}$$

68．怎样测量场区地表电位梯度？

　　答：当测试电流流入接地网时，被测接地网所处的区域地表会感应出电位分布，处在地表面上水平间距 1m 的两点之间的电位差即单位场区的地表电位梯度。

　　测试场区地表电位梯度前,应先查看主地网及局部地网的图纸,根据现场条件,将被试场区合理划分,测试线根据设备数量、重要性等因素布置。同样,为减少工频干扰,场区地表电位梯度的测试宜采用异频接地阻抗测试仪,试验电流(异频)要求不小于 3A。试验布线如图 29 所示,电极布置方式与前述测试相同。

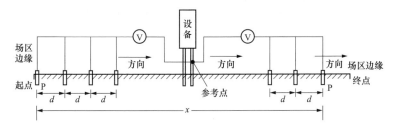

图 29　场区地表电位梯度的试验布线图

P—电位极;d—测试间距

　　通常,测试线之间的距离不超过 30m。在试验线路上靠近中部的位置选择接地引下线与主接地网有效联结处作为零电位参考点,从试验线的首端,相同距离地采用 1m 或 2m 来测量电位梯度 U,一直到末端。测试完成后,根据记录数据,绘制场区地表电位梯度分布曲线。运行状况较好的接地网的试验曲线一般相对平坦,往往会在弧线的两端出现升高现象;若出现突变或者剧烈起伏则表明接地网的状况不佳。

　　图 30 中的 4 条分布曲线是某大型接地网的实测曲线,曲线 4 中的两处明显严重的凸起和快速升高的尾部,说明地中接地网极有可能存在较为严重的缺陷;曲线 3 的较大的波动和曲线 2 尾部的显著剧烈提升都说明接地网的运行状况不佳;曲线 1 显示的电位梯度分布比较匀称,说明地下接地网状况良好。

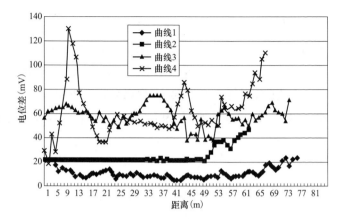

图 30　某 220kV 变电站场区地表电位梯度分布曲线

参 考 文 献

［1］农村电工手册编写组. 农村电工手册　第十分册　防雷保护和接地装置. 北京：水利电力出版社，1974.

［2］曾永林. 接地技术. 北京：水利电力出版社，1979.

［3］杜松怀. 接地技术. 北京：中国农业出版社，1995.

［4］谢广润. 电力系统接地技术. 北京：中国电力出版社，1996.

［5］王常余. 接地技术 220 问. 上海：上海科学技术出版社，2001.

［6］李景禄，胡毅，刘春生. 实用电力接地技术. 北京：中国电力出版社，2001.

［7］王洪泽，杨丹，王梦云. 电力系统接地技术手册. 北京：中国电力出版社，2007.

［8］陈蕾，陈家斌. 接地技术与接地装置. 北京：中国电力出版社，2014.

［9］孙建勋，原东，岳雪岭. 电力生产安全知识读本. 北京：中国电力出版社，2015.

［10］丛远新. 接地设计与工程实践. 北京：机械工业出版社，2014.

［11］中国电力工程顾问集团有限公司，中国能源建设集团规划设计有限公司. 电力工程设计手册　变电站设计. 北京：中国电力出版社，2019.

［12］陈化钢. 电力设备预防性试验方法及诊断技术. 北京：中国水利水电出版社，2009.